鸡病诊治关键技术一点通

石欣　米同国　孟志敏　赵　霞　著

河北出版传媒集团
河北科学技术出版社

图书在版编目（CIP）数据

鸡病诊治关键技术一点通 / 黄占欣等著 . -- 石家庄：河北科学技术出版社 , 2017.4（2018.7 重印）

ISBN 978-7-5375-8278-0

Ⅰ . ①鸡… Ⅱ . ①黄… Ⅲ . ①鸡病－诊疗 Ⅳ . ① S858.31

中国版本图书馆 CIP 数据核字 (2017) 第 030779 号

鸡病诊治关键技术一点通

黄占欣　米同国　孟志敏　赵　霞　著

出版发行： 河北出版传媒集团　河北科学技术出版社

地　　址： 石家庄市友谊北大街 330 号 （邮编：050061）

印　　刷： 天津一宸印刷有限公司

开　　本： 710mm×1000mm　1/16

印　　张： 11

字　　数： 141 千字

版　　次： 2017 年 7 月第 1 版

印　　次： 2018 年 7 月第 2 次印刷

定　　价： 32.80 元

如发现印、装质量问题，影响阅读，请与印刷厂联系调换。

厂址：天津市子牙循环经济产业园区八号路 4 号 A 区

电话：（022）28859861　邮编：301605

前 言/Catalogue

　　随着养鸡业的迅速发展，鸡的各种疾病越来越多，并且越来越复杂，而基层畜牧兽医工作者和广大养鸡专业户由于受各种条件的影响或制约，缺乏鸡病诊治方面的新知识、新方法和新技术，对鸡病不能及时做出准确的诊治，常常给养鸡（场）户造成一定的经济损失。据此，我们编写了《鸡病诊治关键技术一点通》一书。

　　本书是作者根据多年的教学、科研和临床实践经验并参阅大量有关书刊文献编写而成的。书中介绍了鸡病的综合防治关键技术（包括鸡病的发生及传播、预防鸡病的关键技术和措施，鸡群发生疫情时采取的应急措施和鸡病的诊治关键技术），鸡的主要传染病、寄生虫病、营养代谢病、杂症和中毒性疾病等。本书的特点在于突出了每一种疾病的诊断和治疗的关键技术，将其置于每一疾病的前面，简明扼要，通俗易懂，科学实用性较强，并对鉴别诊断和防治措施进行了较为详细的叙述，让读者在翻阅本书时，能达到"一目了然"，从而做到有的放矢地快速控制疾病的目的。本书特别适合广大养鸡场（专业户）的技术人员、从事畜牧业技术推广人员和兽医人员参考使用。

在本书的编写过程中，笔者参阅了朱维正主编的《新编兽医手册》（修订版）、张登荣等主编的《鸡病学》、刘彦威等主编的《鸡病实用诊断技术》、蔺祥清等主编的《鸡病诊断与防治》等，在此，我们向原作者表示诚挚的感谢。

由于编者水平所限，时间仓促，疏漏和错误之处在所难免，恳请广大读者批评指正。

编　者

2016年1月

目 录/CaTalogue

五、鸡营养代谢病 …………………………………… 100

一、鸡病综合防治关键技术

鸡病的发生和传播

（一）鸡病的发生原因

鸡病的发生一般由两大类因素引起，一类是生物因素，有传染性；另一类是非生物因素，没有传染性。

1. 鸡传染性疾病　鸡的传染性疾病包括由病毒、细菌、真菌和霉形体等所引起的传染病和由寄生虫所引起的一些寄生虫病。

由病毒所引起的传染病主要有：鸡新城疫、禽流感、鸡法氏囊病、鸡传染性喉气管炎、鸡传染性支气管炎、禽痘、禽白血病、鸡马立克氏病、鸡包涵体肝炎、鸡减蛋综合征等。

由细菌所引起的传染病主要有：禽霍乱、禽伤寒、鸡毒霉形体病、禽传染性鼻炎、禽大肠杆菌病、鸡白痢、禽结核病、禽葡萄球菌病、禽曲霉菌病等。

由寄生虫所引起的寄生虫病主要有：鸡球虫病、鸡住白细胞虫病、鸡组织滴虫病、鸡隐孢子虫病、鸡蛔虫病、鸡绦虫病等。

2. 鸡非传染性疾病　非传染性疾病又称普通病，主要包括营养代谢病、中毒病、消化系统疾病、泌尿生殖系统疾病、外科病及与管理因素有关的其他杂症。

（1）营养代谢病：如痛风病、肉鸡腹水症、啄癖等是随着现代化养鸡业的发展而出现的各种营养代谢障碍性疾病。

（2）中毒病：主要有霉菌、肉毒梭菌毒素、食盐、植物毒素、农药、杀虫剂、灭鼠药中毒，以及治疗疾病时，药物过量而引起的中毒。

（二）鸡传染病的传播

鸡传染病的发生和流行，必须具备三个基本环节，即传染源（或感染源）、传播途径及易感鸡群，这三个环节缺一不可。传染源（或感染源）是指病禽和无病症表现的带菌（毒或寄生虫）"健"禽，以及能带菌（毒或寄生虫）的鸟、鼠等。易感鸡群是对某种传染病缺乏抵抗力（免疫力）的鸡群。传播途径是指病原体排出体外后，通过某种途径进入易感鸡体内的过程，主要有以下几条途径：

1. **饲料和饮水传播**　鸡的大多数传染病，是由被病原体污染的饲料和饮水，鸡经口摄入体内而感染的。病禽和带病原者的分泌物、排泄物及尸体可直接进入饲料和水中，也可以通过污染加工、贮存和运输的工具、设备、场所及工作人员而间接进入饲料和饮水中。而被霉菌及其毒素或其他毒物所污染的饲料，则是禽曲霉菌病及中毒病的最常见的原因。

2. **垫料和粪便的传播**　病鸡和带病原体鸡的粪便中含有大量的病原体，而病鸡和带病原体鸡所使用过的垫料常被粪便及其他分泌物污染。如果不及时清除粪便和更换垫料，本群鸡就会发病，同时还会殃及相邻的鸡群。如鸡马立克氏病、鸡传染性法氏囊病、鸡沙门氏杆菌病、鸡大肠杆菌病及鸡的多种寄生虫病等。

3. **空气传播**　有些病原体存在于鸡的呼吸道中，通过喷嚏或咳嗽排到空气中，被健康鸡吸入而发生感染。有些病原体随分泌物、排泄物排出，干燥后可形成微小粒子或附着在尘埃上，经空气传播到较远的地方。经这种方式传播的疾病主要有：鸡传染性喉气管炎、鸡传染性支气管炎、鸡败血霉形体病、鸡新城疫、禽流感、禽霍乱、鸡传染性鼻炎、鸡痘、鸡马立克氏病、禽大肠杆菌病、禽曲霉菌病等。

4. **蛋传播**　有的病原体存在于卵巢或输卵管内，在蛋的形成过程中就进入蛋内。有的蛋经泄殖腔排出时，病原体附着在蛋壳上。还有一些蛋通过被病原体污染的各种用具如产蛋箱、孵化器等及工作人员的手而带菌带毒。如鸡白痢、禽伤寒、禽大肠杆菌病、鸡病毒性肝炎、鸡包涵体肝炎、鸡毒霉形体病、禽白血病、禽脑脊髓炎、鸡减蛋综合征等可经过这一途径感染。

5. 孵化室传播 主要发生在雏鸡开始啄壳至出壳期间。这时的雏鸡开始呼吸，并接触周围环境，这加速了附着在蛋壳碎屑和绒毛中的病原体的传播。如禽曲霉菌病、鸡脐炎、鸡沙门氏菌病等可经这一途径感染。

6. 羽毛传播 鸡马立克氏病病毒存在于病鸡的羽毛中，如果对这种羽毛处理不当，可以成为该病的重要传播因素。

7. 设备用具传播 养鸡场的一些设备和用具，尤其是几个鸡群共用，场内场外共用的设备和用具如饲料箱、蛋箱、装禽箱、运输车等，常是传播疾病的媒介。特别是当工作繁忙时，往往放松了应按规定做的清洁消毒工作，此时更危险。经这一途径传播的疾病有鸡霉形体病、鸡传染性支气管炎、鸡新城疫、禽霍乱等。

8. 混群传播 成年鸡中，有的经过自然感染或人工接种而对某些传染病获得了一定免疫力，不表现明显的病态，但它们是带菌、带病毒或带虫者，具有很强的传染性。如果将后备鸡群或新购入的鸡群与成年鸡群混合饲养，往往会造成许多传染病的暴发流行。经这一途径传播的疾病有鸡传染性喉气管炎、鸡传染性支气管炎、鸡传染性鼻炎、鸡毒霉形体病、禽霍乱、鸡白痢、鸡沙门氏菌病、禽结核病、鸡马立克氏病、鸡淋巴性白血病、鸡球虫病、鸡组织滴虫病等。

9. 其他动物和人传播 狗、猫、鼠、各种飞禽和昆虫（蚊、蝇、蠓、蚂蚁、蜻蜓）及蜱、甲壳虫、蚯蚓等，都是鸡传染病活的媒介，它们既可以机械传播，也可以让一些病原体在自身体内寄生繁殖完成病原体的某一发育阶段，如绦虫的发育必须经过在蚂蚁、甲虫等动物的体内寄生才能完成。人在鸡病传播中也起着十分重要的作用。经常接触鸡群的人所穿的衣服、鞋袜，以及他们的体表和手，如果被病原体污染后，又不彻底消毒，就会立即把病菌（病毒、寄生虫）带进健康鸡舍。一天当中如果先接触病鸡和死鸡，再去管理健康鸡群，最容易传播疾病。另外，管理人员鞋上黏附的粪便、尘埃及其他污物，往往成为鸡群暴发传染病的重要原因。

10. **交配传播** 鸡白痢、禽霍乱等疾病可通过鸡的自然交配，或人工授精而由病公鸡传染给健康母鸡，最后引起大批发病。

鸡病预防键技术和措施

（一）选择最佳的场址是预防鸡病的关键

鸡场应选在地势高燥、环境安静、空气新鲜、交通便利、水源充足、水质良好、电力供应方便及便于排水的地方，鸡场不能靠近居民区，交通要道、屠宰场和畜禽加工厂。种鸡场、孵化场和商品肉、蛋鸡场以及育雏室、育成室必须严格分开。生产区与生活区必须严格分开。鸡场、生产区和车间入口处应建宽于门口的消毒池和紫外线更衣室、淋浴室（要设强制淋浴装置），浴水应有0.02%新洁尔灭或其他消毒液。饲料贮存库和鸡舍建在鸡场的上风头，兽医室、病死鸡焚烧室和粪便处理场建在鸡场的下风头，在粪便处理场内对粪便进行发酵或膨化等无害化处理，鸡场的废水不能随意排放，应尽量净化处理或建沼气池。

（二）加强饲养管理，搞好卫生消毒工作，增强鸡抗病能力

在同一养鸡场，最好不要同时饲养不同日龄的鸡和多种家禽，若养必须分群饲养。每批鸡饲养结束后，鸡舍可空置适当时间，进行彻底清理和消毒，然后再引进新的鸡群。不要把来源不同的鸡混群饲养，也不要把来源不同的种蛋混合孵化。按照鸡的不同品种、不同生长期和产蛋期，配制全价营养的饲料，同时，供应足够的饮水。要保持鸡舍清洁卫生，光照适当，冬暖夏凉。及时清理垫料和粪便，减少氨气的产生。舍内温度要适宜并保持相对稳定，不可骤变，特别是在育雏期。舍内湿度一般不超过75%，不低于40%。

定期做好鸡场的消毒工作，对空鸡舍的消毒，应采取清扫、水洗、消毒药喷洒，将鸡舍闲置2～3周或急用时用甲醛和高锰酸钾熏蒸。带鸡消毒可将复合酚类、弱酸类或表面活性剂类等配成一定的浓度在有鸡的鸡舍喷洒，育雏期（即20日龄以前）每日1次，之后2日1次。对鸡场的所有设备和用具，每次使用之前必须经过严格的清洁和消毒，尤其是水槽和饲料槽必须定期的清洗消毒。另外，工作人员的工作服和帽要定

期的做好清洁消毒工作，工作服和帽不准穿出生产区，工作人员的手用肥皂洗净后，浸于1：1 000新洁尔灭液中3～5分钟，清水冲洗后擦干。工作人员穿上生产区的水鞋或专用鞋，通过脚踏消毒池进入生产区及鸡舍。

（三）制定和执行定期预防接种、药物预防和驱虫的程序与计划

每一个鸡场，都要有适合本场特点的免疫程序。制定免疫程序时，应考虑以下几个方面的因素：当地鸡病的流行情况及严重程度，母源抗体的水平，上次免疫接种引起的残余抗体的水平，鸡的免疫应答能力，疫苗的种类，免疫接种的方法，各种疫苗接种的配合，免疫对鸡健康及生产能力的影响等。

目前所用疫苗有两类，一类是弱毒活苗，一类是灭活苗，使用方法有点眼、滴鼻、饮水、气雾、翅下刺种和肌肉注射或皮下注射。应用药物预防和治疗及定期驱虫也是预防和控制疫病的有效措施之一，如鸡白痢、禽霍乱、鸡败血霉形体病和鸡球虫病等，在一定条件下采用药物预防和治疗，可以收到显著的效果。临床上用2～3种药交替使用，每一种用一个疗程。

（四）定期杀虫、灭鼠，对运动场及牧场地进行翻土或垫土，妥善处理粪便及病死鸡的尸体

用火焰、沸水或热蒸气等直接的方法消灭外界昆虫，也可使用捕捉等机械方法或杀虫剂杀灭鸡体表寄生虫和外界昆虫，鸡舍要安纱门纱窗。鸡舍和饲料仓库的建筑要牢固，防止鼠进入，可采用生物学法、机械法或药物灭鼠法进行灭鼠，最常用的是毒药灭鼠法。鸡粪进行堆积发酵，杀死病原体。及时清除病鸡，深埋或焚烧死鸡，不能让猫、狗等肉食兽拖、吃死鸡。

（五）检疫

最好采用全进全出的饲养方式，特别是种禽场更应自繁自养。如必须从外面进鸡时，应在隔离舍单独饲养，观察一个月以上，并进行鸡白痢、鸡毒霉形体病的检疫后，方可合群饲养。种鸡要定期检疫，淘汰有垂直传播疾病的种鸡，如鸡白痢、鸡白血病、鸡毒霉形体病。对饲料饮水应定期进行细菌学检查，发现不合格时，立即停止使用。

（六）疫情的调查

经常了解邻近禽场尤其是在工作上有联系的禽场疫情情况，有针对性采取一些防疫措施。

鸡场发生疫情时的应急措施

一旦发生疫情，应采取以下扑灭措施。

首先，要进行确诊和上报疫情，并通知邻近禽场，以便共同采取措施，把已发生的疫病控制在最小范围内，及时扑灭。采取的措施应按"早、快、严、小"的方针，即发现确诊要早，一旦作出决定，采取措施要快，执行起来要严，范围要小。

其次，迅速隔离病鸡，建立封锁区，禁止无关人员进入，并对被传染病污染的场地、用具、饮水和垫草等进行全面彻底的大消毒，粪便堆积发酵处理后方可使用。同时对临近受威胁的鸡场进行强制性的严格环境大消毒。

第三，根据所发生的疫情，对可疑鸡群或尚健康的鸡群以及相临场受威胁的鸡群，进行紧急接种，或在饲料、饮水中投药，必要时对病鸡逐只治疗或淘汰。

第四，对发病场的死鸡及需要淘汰的病鸡进行强制性的焚烧等无害化处理，与病鸡同栏舍的鸡，即使没有症状，在一定时间内应当作病鸡对待。

第五，病鸡处理完毕后，栏舍及全部设备，应严格清扫消毒，并空置一定时间，避免新进入的鸡群又发生同样的疫情。

鸡病诊断的关键技术

诊断的目的是为了尽早地认识疾病，以便采取及时而有效的预防和治疗措施。

（一）流行病学调查

调查的内容包括何时发病、鸡的主要表现、发病后用药情况、疾病在鸡群中的传播速度、病鸡年龄、养鸡场的发病史、周围养禽场的疫情、引进种蛋和种禽地区的流行病学情况、平时的预防接种情况、药物预防情况、定期驱虫情况、饲养管理卫生状况及产蛋率下降程度和是否有软皮蛋、畸形蛋等。

（二）仔细观察症状并对病鸡进行剖检查找病变

首先对全群鸡进行仔细的观察，包括对外界的反应、吃食、饮水和步态等情况，对病鸡要注意观察它的外貌、体表、营养状况及粪便等情况，并做好记录。然后解剖病鸡，查找病变，对活体的解剖应放血致死并观察血液的颜色、黏稠度。内脏器官和组织的病变及病变特征的观察主要有颜色、形状、纹理、淤血、出血、溃疡、坏死、脓肿、肿大、菌斑、渗出性变化、尿酸盐、肿瘤等。

根据我们多年的临床经验，总结出一套有效的临床诊断思路。我们将鸡病大致分为四类。

第一类是表现呼吸道症状的疾病，此类疾病又可分为六类：

1. 鸡病毒病 鸡新城疫、禽流感、鸡传染性支气管炎、鸡痘、鸡传染性喉气管炎等。

鸡病毒性的呼吸道疾病可通过调查防疫程序，症状观察，剖检变化作出临床诊断。如鸡新城疫的腺胃乳头出血，十二指肠枣核状溃疡，卵黄蒂前后的溃疡变化等；非典型禽流感的生殖系统炎症，轻微的呼吸道症状，产蛋率大幅度下降等；鸡痘的典型疱疹变化；鸡传染性支气管炎的畸形蛋，支气管的炎症，鸡肾型传染性支气管炎同时有肾尿酸盐沉积；鸡传染性喉气管炎的喉头和气管的上三分之一出血等。

2. 鸡细菌病 鸡传染性鼻炎、鸡败血霉形体病、鸡霍乱、鸡大肠杆菌病等。

鸡传染性鼻炎主要表现为前期鼻孔粘料，颜面部肿胀；鸡败血霉形体病无明显的饮食变化，特征性症状是当鸡受刺激后头部仰起，左右摇动；鸡霍乱有绿色稀便，鸡冠变紫，肉垂肿胀，肝有坏死点；鸡大肠杆菌病有气囊炎、眼炎、肝周炎、心包炎、大肠杆菌肉芽肿等。

3. 鸡寄生虫病 鸡隐孢子虫病、鸡住白细胞虫病等。

鸡隐孢子虫病气管黏膜高低不平，显微镜检查在黏液内可检出虫体；鸡住白细胞虫病咳血，排绿色或血样稀便。

4. 鸡真菌病 鸡曲霉菌病在气囊上可见特殊形态的霉斑。

5. 鸡营养病 鸡维生素A缺乏症气管黏膜角质化，同时可见眼部及其他部位的变化。

6. 鸡中毒病 鸡一氧化碳中毒有通风不良的环境，血色鲜红等；鸡氨气中毒的环境里有强烈的氨味。

第二类是表现有腹泻症状的疾病，此类疾病又可分为四类：

鸡相对于哺乳动物来讲有其特殊的生理构造，即其尿道和肠道同开口于泄殖腔，其排泄物通过肛门一同排出体外，所以鸡的粪便实际包括了粪、尿两部分，作者据此将鸡的腹泻分为四类。

1. 肠道问题造成的腹泻 此类腹泻又可称为感染性腹泻，其特点是，生物性病原，粪便具有不同的颜色，如绿、黄、红、白等，而且粪便有一定的均匀度、黏度和弹性，我们将其分为四类。

（1）鸡病毒性腹泻：鸡新城疫、鸡禽流感、鸡马立克氏病等。

此类疾病除表现腹泻外多具有其他特异性的症状或剖检变化，新城疫的腺胃乳头出血，十二指肠枣核状溃疡，卵黄蒂前后的溃疡变化等；非典型禽流感的生殖系统炎症，轻微的呼吸道症状，产蛋率大幅度下降等；马立克氏病还有肿瘤病变。

（2）鸡细菌性腹泻：鸡霍乱、鸡白痢、鸡伤寒、鸡副伤寒、鸡亚利桑那菌病、鸡大肠杆菌病、鸡坏死性肠炎等等。

鸡细菌性腹泻的疾病很多，但是每种病各有其特殊的流行病学、临床症状和剖检特点。鸡霍乱，有绿色稀便，鸡冠变紫，肉垂肿胀，肝有坏死点或弥漫性条斑状出血；鸡白痢，有白色稀便；鸡伤寒，肝脏呈土黄或铜绿色；鸡副伤寒，肝脏呈灰白色，有出血条纹；鸡亚利桑那菌病，肝脏切面灰白有出血条纹，5周内的鸡有的有神经症状；鸡大肠杆菌病，有气囊炎、眼炎、肝周炎、心包炎、大肠杆菌肉芽肿等；鸡坏死性肠炎，有黑褐色稀便，空肠、回肠纤维素性坏死，伪膜，鼓气，血样内容物；细菌性腹泻利用抗生素治疗都有很好的疗效。

（3）鸡寄生虫性腹泻：鸡球虫病、鸡组织滴虫病、鸡住白细胞虫病、鸡蛔虫病、鸡绦虫病等。

鸡球虫病，有血性便或黏稠便；鸡组织滴虫病，有黑头及盲肠和肝炎变化，排硫磺样粪便；鸡住白细胞虫病，有白冠和出血，并且排绿色稀便；鸡蛔虫和鸡绦虫病，在稀便中见到线状虫体或扁平带状节片，或剖检在肠道发现虫体。

（4）鸡真菌性腹泻：鸡曲霉菌病，病鸡排硫磺色便，在肺和气囊也可找到病变。

2. 尿路问题造成的腹泻 此类腹泻因为其粪便内含大量尿酸盐，故多呈白色、水样，而且无弹性和黏度，不均匀。尿路问题造成的腹泻又可分为两类。

（1）感染性尿路问题造成的腹泻：鸡肾型传染性支气管炎、鸡法氏囊病等。鸡肾型传染性支气管炎还有呼吸道变化；鸡法氏囊病还有法氏囊的病变和肌肉出血等病变。

（2）营养代谢性尿路问题造成的腹泻：鸡痛风、鸡维生素A缺乏症等。此类病症较易诊断，剖检病死鸡可见大量尿酸盐在体内蓄积。

3. 生理性腹泻 气候炎热，鸡大量饮水，排尿量增加，此类腹泻其粪便如同水样，而且无弹性和黏度，不均匀，但不含尿酸盐。

4. 中毒性腹泻 鸡食盐中毒、鸡肉毒中毒等。此类腹泻有食入过量食盐或有毒物质的历史。鸡食盐中毒，有水样腹泻；鸡肉毒中毒，是食入了腐败食物、蝇蛆，具神经症状。

第三类是表现运动机能紊乱的疾病，此类疾病可分为三类：

1. 传染性运动机能紊乱性疾病 鸡马立克氏病、鸡新城疫、鸡病毒性关节炎、鸡滑膜霉形体病、鸡传染性脑脊髓炎等。

鸡马立克氏病，有典型的劈叉姿势，而且有多发性的肿瘤病灶；鸡新城疫，有转头拧脖现象；鸡病毒性关节炎，腿足部腱鞘肥厚、硬化，炎性水肿，周围出血坏死，有犬坐姿势；鸡滑膜霉形体病关节，有滑膜炎，内积胶胨状液体或干酪样物质；鸡传染性脑脊髓炎，4周龄内鸡头、颈、腿震颤，倒置加剧，转圈、犬坐、飞舞、倒向一侧，共济失调，产蛋鸡一过性产蛋剧降。

2. 营养代谢性运动机能紊乱性疾病 鸡痛风、鸡维生素B_1缺乏症、鸡维生素B_2缺乏症、鸡维生素B_6缺乏症、鸡维生素E缺乏症、鸡维生素D缺乏症、鸡胆碱缺乏症、鸡叶酸缺乏症等。

鸡痛风，体内积有大量尿酸盐；鸡维生素B_1缺乏，鸡呈观星状；鸡维生素B_2缺乏，鸡爪卷曲；鸡维生素B_6缺乏，鸡有神经症状，而且脱毛、皮炎、贫血；鸡维生素E缺乏，合并硒缺乏则有脑软化、白肌病、渗出性素质；鸡维生素D缺乏，合并钙、磷不足则会出现鸡笼养疲劳症、鸡佝偻病、鸡软骨症；鸡胆碱缺乏，合并锰不足则出现脱腱症；鸡叶酸缺乏，鸡有软脖病。

3. 中毒性运动机能紊乱性疾病 鸡一氧化碳中毒、鸡食盐中毒、鸡亚硝酸盐中毒、鸡呋喃类药物中毒、鸡有机磷中毒等。

鸡一氧化碳中毒，黏膜发红，昏睡或呼吸困难，步态不稳，死前痉挛、抽搐、窒息；鸡食盐中毒，口渴，不安、先兴奋后抑制，脚无力、瘫痪、虚脱；鸡亚硝酸盐中毒，黏膜发紫、流涎，震颤、站立不稳、抽搐、呼吸困难，窒息；鸡呋喃类药物中毒，肾脏肿大、花白，口腔、胃肠内容物黄色，兴奋、转圈、叫、抽搐、角弓反张，共济失调；鸡有机磷中毒，兴奋、流涎、流涕、流泪、排粪、呼吸加快转抑制而死。

第四类是其他类疾病：

1. 皮肤损害性疾病 鸡葡萄球菌病、鸡维生素E缺乏症、鸡绿脓杆菌病等。

鸡葡萄球菌病，皮肤溃烂；鸡维生素E缺乏，症合并硒不足，渗出性素质；鸡绿脓杆菌病，膝脓肿、皮下水肿，白色或红色稀便，脑膜水肿增厚。

2. 肝脏损害性疾病 鸡弧菌性肝炎、鸡包涵体肝炎、鸡盲肠肝炎（组织滴虫病）、鸡脂肪肝综合征、鸡痛风、鸡大肠杆菌病、鸡白痢、鸡伤寒、鸡副伤寒、鸡亚利桑那病、鸡霍乱、鸡结核病、马立克氏病、白血病、鸡网状内皮组织增殖症等。

鸡弧菌性肝炎，肝脏萎缩硬化，有花椰菜样或星状坏死；鸡包涵体肝炎，脂肪变性、出血斑点，有黄白色针尖大小隆起的坏死点；鸡盲肠肝炎，有圆形环状中心凹的黄绿色坏死灶；鸡脂肪肝综合征，黄色、肥大、质脆、脂肪变性，肝包膜下有血肿甚至破裂；鸡痛风，尿酸盐沉积；鸡大肠杆菌病，肝周炎、心包炎等；鸡白痢、鸡伤寒、鸡副伤寒、鸡亚利桑那病，同为沙门氏菌病，前面腹泻病中已有论述；鸡霍乱，有弥漫性条斑状出血，绿便；鸡结核病，有结核特有的肉芽肿；鸡马立克氏病、鸡白血病，为肿瘤增生性病灶；鸡网状内皮组织增殖症，有浅黄色坏死灶，弥散有1毫米灰色小结节。

鸡发病治疗期间的饲养管理

鸡发病后，人们往往只强调药物治疗。实际上，通过饮水和饲料成分改变，对鸡疾病的恢复和治疗也是相当重要的。同时通过观察饮水和采食情况的变化，也有助于疾病的诊断。

（一）鸡发生烈性传染病时鸡的饲养管理

烈性传染病指的是发病急，传播快，传播范围大，发病率高，死亡率高的一类疾病。主要有鸡新城疫、禽霍乱、雏鸡白痢、鸡大肠杆菌病等。烈性传染病的前期，鸡往往突然死亡，不易觉察，同时饮食废绝。当疾病发展到中后期，一些症状较轻的鸡首先出现饮水欲，然后少量采食。此时，如通过积极的治疗，就能促使鸡的康复。

在临床上根据多年的治疗经验和实验室检验发现，鸡重病期间，血液的PH值降低，症状越严重的，酸中毒的程度越深。此时，如不注重纠正酸中毒，只对症治疗，往往失去控制疫情的机会，造成较大的经济损失。

在此期间给鸡饮用0.5% ~1%的碳酸氢钠（俗称小苏打）溶液，同时加入倍量的水溶性维生素和葡萄糖，每日3~6次。如鸡不饮水，应采取强迫饮水的措施，即将鸡的头部强行按入盛溶液的容器中，反复多次，直到认为病鸡已饮用了足够的水为止。同时应注意观察病鸡鸡冠和肉垂的颜色变化，酸中毒严重的鸡，其颜色往往呈紫红色或紫色，饮水纠酸后，其颜色逐渐向正常方向转变，当转变成为正常的粉红色时，仍应坚持饮水一日，方可改变成普通饮水。

由于烈性传染病往往都出现高热脱水，因此可造成鸡的胃肠黏膜上皮细胞脱水，腺体分泌功能降低，消化功能随之降低。此时，应喂极易消化的饲料，且高营养低纤维。并应改干喂为湿喂，防止便秘或腹泻。基础配方如下：玉米36%，小麦30%，进口鱼粉6%，豆粕20%，酵母粉4%，骨粉2%，钙粉2%，食盐0.2%，其他微量元素、维生素、氨基酸等按常量加倍添加。

（二）发生一般传染病时鸡的饲养管理

一般传染病指的是疾病的症状较轻，发病率或死亡率较低的一类传染病，如鸡痘、鸡马立克氏病、鸡传染性喉气管炎、鸡产蛋下降综合征等。

患此类传染病的鸡，往往表现摄食量减少而饮水量没有明显的变化，在此期间，对鸡的饲养管理应以增强病鸡体质，提高抗病能力为主，以防止由于营养不良而导致鸡衰竭死亡。

给病鸡饮用0.5%的碳酸氢钠溶液，同时加入比正常量多1倍的速补-14和葡萄糖，也可用市售的平衡液，每日2～4次，连续饮用一周。在此期间，用高蛋白、高能量、易消化的饲料喂给病鸡最合适。基础配方如下：玉米60%、进口鱼粉5%、豆粕20%、植物油3%、酵母粉5%、食盐0.2%、骨粉2%、钙粉2%、其他微量元素、维生素、氨基酸等2.8%。

（三）鸡患寄生虫病时的饲养管理

鸡患寄生虫病期间，如鸡球虫、鸡绦虫、鸡线虫等，往往表现消瘦，拉血便或下痢。此时应给病鸡喂给高营养、高浓度的粗纤维的饲料。粗纤维高的饲料，可使鸡的肠蠕动加快，有利于将部分虫体或虫卵排出体外。此期间的基础配方为：玉米60%，麸皮26%，棉饼5%，豆粕15%，进口鱼粉5%，酵母2%，骨粉2%，钙粉2%，食盐0.2%，其他氨基酸、微量元素、维生素等2.8%。

（四）鸡出现腹泻症状时的饲养管理

鸡的许多疾病都可出现腹泻症状，如禽流感、鸡法氏囊病、鸡新城疫、鸡白痢、鸡伤寒、鸡副伤寒、鸡亚利桑那菌病、鸡大肠杆菌病、禽霍乱、鸡球虫病、鸡住白细胞虫病、鸡组织滴虫病、鸡隐孢子虫病、鸡蛔虫病、鸡绦虫病等。有的病鸡一发病即可出现腹泻，有的则在病的中后期才出现腹泻。由于腹泻，往往使病鸡因脱水造成极度衰弱，此时必须供给病鸡高营养充足的饮水，同时预防酸中毒的发生。

饮水用0.5%的碳酸氢钠水溶液，并加入葡萄糖或蔗糖以及水溶性维生素和氨基酸，让病鸡自由饮用，千万不可限制饮水。饲料应喂给病鸡易消化的饲料为主，基础配方为：小米28%，鱼粉10%，玉米40%，酵母粉8%，骨粉2%，贝粉2%，豆粕10%，其他微量元素、维生素等按常量添加。

（五）鸡患不同疾病时对饲料要求

1. **棉子饼** 棉子饼中因含有棉酚等有毒物质，可影响维生素A的吸收和利用，在治疗维生素A缺乏症时应禁用棉子饼。

2. **高粱** 高粱中因含有鞣酸，特别是杂交高粱含鞣酸高达2%以上，鞣酸可使含铁制剂变性，不能吸收；使碳酸氢钠分解，影响使用效果；还可使维生素B_1发生沉淀，吸收困难。高粱有收敛止泻作用，治疗便秘、中毒、维生素A和维生素B及铁缺乏症时应停用高粱。

3. **小麦麸** 小麦麸为高磷低钙饲料，在治疗钙磷平衡失调或佝偻病时，应停用麦麸。由于磷影响铁的吸收，在用硫酸亚铁和枸橼酸铁治疗鸡贫血症时，必须停喂小麦麸。

二、鸡病毒性传染病

鸡新城疫

关键技术

诊断： 诊断的关键是看是否有呼吸困难、黄绿色下痢，慢性病例伴有神经症状，产软皮蛋和减蛋。剖检见腺胃乳头出血和十二指肠枣核状溃疡，盲肠扁桃体肿大呈弥漫性出血。

防治： 防治的关键是疫苗预防，鸡群发病后应立即进行紧急免疫接种，同时应用抗菌和中药制剂如感康、瘟囊康、瘟囊散等及在饲料中增加维生素C和其他维生素，效果很好。

鸡新城疫是由病毒引起的一种急性、高度接触性传染病，对养鸡业危害极大。本病最早在英国新城发生，所以叫鸡新城疫，也有人称其为亚洲鸡瘟、伪鸡瘟，我国民间俗称鸡瘟。本病的病原为鸡新城疫病毒。鸡新城疫病毒对外界的抵抗力相当强，能在自然界中顽强生存。但该病毒对一般消毒药的抵抗力弱，在70%酒精中3分钟内可被杀死，来苏尔、酚和甲酚等配成2% ～3%溶液，在5分钟内可杀死该病毒，大多数去污剂也能迅速地杀死该病毒。

（一）诊断要点

1. 流行特点　本病主要感染鸡和火鸡。人接触大量病毒时，能发生轻度的眼结膜炎。不同年龄、品种的鸡均易感染。一年四季均可发生。但以冬春寒冷季节较易流行。

鸡新城疫强毒力株在没有进行免疫接种的鸡群中，可迅速传播呈毁灭性流行，发病率和死亡率可高达90%以上，在临床上表现的是鸡典型新城疫。但是，近年来由于鸡群一般都进行鸡新城疫疫苗接种，因此本病多呈非典型性发生，主要发生于免疫鸡群，尤其是二免前后的鸡发病较多。免疫鸡群发生本病时，发病率和死亡率都不很高。虽然不同年龄、品种鸡均易感，但轻型鸡比重型鸡易感性高，雏鸡易感性高，死亡率高，有人对免疫鸡群调查结果表明，幼雏的易感性最高，发病率为39.43%，死亡率为30.74%；中雏易感性次之，发病率为17.48%，死亡率为12.82%；两年以上的老鸡易感性较低，发病率和死亡率分别为10.72%和6.58%。

本病的主要传染源是病鸡和带毒鸡。病毒可随感染鸡呼出的气体、咳出的飞沫、口腔中流出的黏液及粪便，污染空气、饲料和饮水，再经呼吸道、眼结膜、皮肤创伤及消化道感染，造成全群鸡感染。病鸡产的蛋含有病毒，如将这些蛋入孵，胚胎在孵化的最初几天就死亡，因而本病不能进行垂直传播。卵壳上附着感染鸡的粪便或感染死亡的鸡胚等，常常成为感染正常种蛋，甚至初生雏鸡的感染源。

2. 症状　本病自然感染的潜伏期一般为3~5天。根据新城疫病毒毒力的不同和病程的长短，可分为两大类：鸡典型新城疫和鸡非典型新城疫。

（1）鸡典型新城疫：一般指速发嗜内脏型和嗜肺型，分最急性型和急性型。

最急性型：此型为败血型。病鸡发病后很快死亡，除精神委顿外，常看不到明显症状。多发生于雏鸡与流行初期。

急性型：其典型症状为①上呼吸道分泌大量黏液，自口鼻流出，有时挂于嘴端，常摇头想甩掉。呼吸困难，呼吸时喉部发出"咯咯"的喘鸣声或尖叫声。②由于呼吸困难，血液中氧气不足，二氧化碳增多，使肉髯变为青紫色，临死前及死后尤为明显。③下痢，粪便呈绿色、黄白色，有时混有少量血液。④部分鸡嗉囊蓄积大量酸臭液体，倒提鸡时，液体急速自口中流出，如提壶倒水一般。病程3~5天，死亡率高达90%~100%。

（2）鸡非典型新城疫：即亚急性和慢性型，一般发生于免疫过的鸡群。鸡的日龄不同，表现的症状也不同。

雏鸡：主要表现呼吸困难，张口呼吸，呼吸时发出"呼噜、呼噜"声，病程稍长时出现歪脖扭颈、角弓反张、转圈等神经症状。并有两肢麻痹，但不出现劈叉姿势。

中雏：临床上主要表现为呼吸困难和排黄绿色稀便，有少量病鸡出现歪脖扭颈、转圈和腿翅麻痹等神经症状。

成鸡：轻者仅表现一过性的食欲减少，产蛋率下降20%～30%，有的更多，经过20～25天产蛋率可开始回升，但需要2～3个月才能完全恢复正常。在产蛋率下降的同时，出现软蛋、畸形蛋和小型蛋等。重者则表现明显的临床症状，病鸡精神沉郁、嗜睡、食欲减退或废绝，鸡冠萎缩，稍发绀，冠表面附有白色状物，呼吸困难，排出黄褐或黄绿色稀便。发病率和死亡率变化也很大，发病率最高可达85%，最低仅为5%，死亡率最高为85%，最低为15%。

3. 病变

（1）鸡典型新城疫：嗉囊壁有溃疡并胀满、充气，有黏液；腺胃肿胀，腺胃乳头和乳头间有出血点；腺胃和肌胃交接处有出血点或出血斑；肌胃角质层下黏膜有出血斑或溃疡；十二指肠、空肠、回肠有出血点，病程稍长可见有枣核状溃疡；盲肠扁桃体肿大呈弥漫性出血；心、肝、脾、肾有不同程度的出血点和斑；喉头、气管、肺内有黏液，黏膜有出血；喉头肿胀，肺脏呈大叶性肺炎；气囊增厚、浑浊。

（2）鸡非典型新城疫：雏鸡：病变为喉、气管有大量黏液和黏膜充血及水肿，硬脑膜下呈树枝状充血，并有出血点。

中雏：剖检可见喉头、气管黏膜明显出血，部分鸡腺胃乳头有少量出血点，肠道有卡他性炎症，有时黏膜出血。

成鸡：病变不典型，严重者主要能见到喉头及气管黏膜出血，盲肠和直肠黏膜有出血溃疡，直肠扁桃体肿大出血，泄殖腔黏膜出血，个别鸡腺胃出血，硬脑膜有出血点，卵黄性腹膜炎。

（二）鉴别诊断

由于鸡新城疫的症状和剖检病变与其他许多病相似，因此，应注意鉴别诊断。

1. **禽流感** 禽流感和鸡新城疫都有呼吸道症状、神经症状。但禽流感肉冠极度肿胀，呈暗紫色、坏死，并伴有眶周水肿，脚趾肿胀并有淤斑性变色，剖检病变为全身出血性病变明显，心肌上有条纹状坏死斑，肝、脾、肾、肺等脏器表面常有灰黄色小坏死灶。

2. **禽霍乱** 鸡新城疫主要侵害鸡，而禽霍乱可侵害各种家禽，多发生于16周龄的产蛋鸡群，最急性型病鸡，病程短，数分钟至数小时发生死亡，且病死率高，无任何临床症状。急性型病鸡，鸡冠和肉髯发紫，剖检时全身出血明显，肝有坏死点，心包常有纤维素性渗出物。

3. **鸡传染性支气管炎** 患传染性支气管炎的病鸡产蛋量下降幅度大，畸形蛋很多而且呈特殊的严重畸形，外层蛋白稀薄，卵泡不仅充血而且有一部分萎缩变质，输卵管有特征性病变，输卵管缩短，严重时变得肥厚、粗糙，局部充血、坏死等。

4. **鸡传染性喉气管炎** 鸡传染性喉气管炎病鸡临床上主要出现呼吸道症状，表现为张口伸颈喘息，咳出混有血液的分泌物；产蛋量减少没有鸡新城疫那样严重。而且新城疫病鸡嗉囊胀满、拉稀、粪便呈黄绿色或灰白色，有时混有血液，慢性病鸡出现各种神经症状，剖检可见明显的消化系统出血点或溃疡灶。

（三）防治

1. **预防** 目前尚无有效的药物治疗鸡新城疫，采取卫生管理和疫苗接种等综合性防治措施是预防本病的关键，这就要求养殖场一定要制定出一套合理的防疫程序。目前，我国没有一个可以适合于不同类型鸡场或不同地区的鸡新城疫免疫程序，各地区和各大型养鸡场、种鸡场的免疫程序不仅不一样，而且不是一成不变的，一个程序使用一段时间后，应根据鸡群发生的问题和防治中的经验教训进行调整完善。下面介绍几种免疫程序，以供参考：

（1）蛋鸡：①全部用弱毒苗的免疫程序：7～9日龄首免，用Ⅳ系或克隆30点眼或滴鼻，25日龄左右二免，用Ⅳ系点眼或滴鼻，60日龄三免，用Ⅰ系肌肉注射，120日龄四免，用Ⅰ系肌肉注射，以后每隔2～3个月用Ⅳ系饮水免疫1次，注意饮水免疫时疫苗的量要加倍，并且在饮用的疫苗水中采用加脱脂奶粉和两次加水两次给苗的方法，具体操作是在鸡群断水2～3小时后，用鸡群全天饮水量的1／4加疫苗总量的2／3一次饮用，当鸡群饮完后，马上再追加全天饮水量的1／8加剩余的1／3的苗疫二次饮用，效果很好。②弱毒苗和灭活苗联合免疫程序：5～7日龄用弱毒苗（Ⅳ系或克隆30）点眼或滴鼻进行首免，间隔15天进行二免，用Ⅳ或克隆30点眼或滴鼻的同时给每只鸡注射半头份的油佐剂灭活苗，开产前进行三免，每只鸡注射一头份油佐剂灭活苗和I系弱毒苗。

（2）肉鸡：7～10日龄进行首免，用Ⅳ系或克隆30点眼或滴鼻，25～30日龄进行二免，同样用Ⅳ系或克隆30点眼或滴鼻。

2. 治疗 鸡场一旦发生新城疫，要采取严格的封锁、隔离、检疫、消毒、捕杀病鸡和紧急免疫预防接种等综合措施迅速扑灭疫情。紧急免疫所用疫苗的剂量是常规免疫剂量的1.5倍，另外，用疫苗的同时，应用抗生素，防止继发感染。除此之外，还应视症状的轻重选用中药制剂，如感康，成鸡100只鸡用一袋，雏鸡酌减。为了缓解应激和增强机体的抵抗力，在饲料中增加维生素C和其他维生素，临床效果很好。也可用西药感清或病毒速克加中药感康，另加肾宝或肾肿消促进代谢和加多维增加营养。使用疫苗进行紧急免疫接种时，不同日龄段的鸡群所用疫苗的种类不同，分述如下。

（1）雏鸡：发病鸡群主要用Ⅳ系苗、克隆30或克隆85饮水来控制本病，在小型养鸡场可采取点眼和滴鼻的方法。

（2）中雏：在发病率较低的鸡群可用I系苗肌肉注射。在发病率稍高的鸡群，为防止应用I系引起鸡群死亡率增加，可用Ⅳ系苗和克隆30或克隆85饮水。对反复免疫出现免疫疲劳或免疫抑制可能的鸡群，除用冻干苗免疫之外，必要时可结合新城疫灭活苗进行皮下注射。

（3）产蛋鸡：对产蛋下降不太多者，可选用Ⅳ系苗或克隆苗饮水，而不用I系注射以防引起产蛋率的进一步下降。对产蛋率下降很大且有反复用苗史的鸡群，可据情况用I系苗注射或饮水、或用Ⅳ系苗（或克隆苗）饮水，同时注射油乳剂灭活苗。一般用苗后5～7天产蛋即开始恢复，至10～15天恢复正常。

禽流行性感冒

关键技术

诊断：诊断本病的关键是鸡有呼吸道和神经症状的同时，鸡冠极度肿胀呈暗紫色、坏死，并伴有眶周水肿。脚趾肿胀并有淤斑性变色，产蛋率大幅度下降。剖检最主要的病变为全身出血性病变明显，心肌上有条纹状坏死斑，各内脏器官表面常有灰黄色小坏死灶。

防治：防治本病的关键是疫苗预防。鸡群发病后立即用抗生素预防感染，用西药如感清和中药制剂如感康等清热解毒及在饲料中增加维生素C和其他维生素，临床效果很好。

禽流行性感冒简称禽流感，又称真性鸡瘟或欧洲鸡瘟，是鸡的一种急性、高度致死性传染病。本病病原为禽流感病毒，本病毒对外界有很强的抵抗力，耐酸，但对福尔马林、乙醚等有机溶剂敏感。常规消毒剂可将病毒杀死。

（一）诊断要点

1. 流行特点 本病除感染鸡外，还感染其他禽类。禽流感病毒的致病力，因感染的禽种、年龄、性别、感染的病毒株、并发感染及环境因素等不同而有很大的差异。有些毒株的发病率虽高，但死亡率较低。有些毒株的致病力很强，如鸡流感病毒是其中致病力最强者之一。在自然条件下，鸡群的发病率和死亡率可高达100%。

本病的传染源主要是病禽和带毒的各种野禽，病毒主要通过病禽和带毒者的各种分泌物、排泄物和尸体等污染空气、饲料和饮水，经呼吸道、消化道或伤口和眼结膜传染。本病传播极快，常呈流行性传播。

2. 症状 本病的特征从呼吸系统到全身性，均有严重的败血症及多种症状综合征。

本病常突然暴发。潜伏期一般为2～5天。长短与病毒剂量、感染途径有关。流行初期的病鸡常不表现任何症状而突然死亡。本病主要症状表现为：眼睑水肿，肉冠和肉垂水肿、出血、坏死呈紫色，脚鳞变紫，下痢、绿便，及寒颤、抽搐等神经症状，病程3～7天。发病率和死亡率差异很大，常见的情况是高发病率和低死亡率，但高致死病性毒株感染时，发病率和死亡率可高达100%。产蛋鸡产蛋率大幅度下降。

3. **病变** 本病的特有病变是：腺胃和腹部脂肪出血，有时在胸骨内面，甚至全身组织发生出血性病变。心冠脂肪出血、心肌条纹状坏死斑；肝、脾、肾、肺等脏器表面常有灰黄色小坏死灶；生殖系统炎症。

（二）鉴别诊断

1. **鸡新城疫** 见鸡新城疫的鉴别诊断。

2. **衣原体病** 衣原体病主要表现眼结膜炎，腹部异常膨大。剖检气囊炎和输卵管囊肿病变特别明显。

3. **鸡毒支原体病（鸡败血霉形体病）** 鸡毒支原体病主要表现呼吸道症状，剖检主要见鼻道、气管、支气管和气囊内有透明或浑浊黏稠渗出物，严重者气囊壁明显浑浊增厚，上有淡黄色干酪样渗出物。

（三）防治

1. **预防** 预防本病的关键是加强卫生管理和疫苗注射。建议的防疫程序如下。

（1）肉鸡：2～3日龄颈部皮下注射0.35毫升的禽流感多价油苗。

（2）蛋鸡：用禽流感多价油苗，在20～30日龄首免，颈部皮下注射0.25～0.35毫升；在70～80日龄进行二免，胸部肌肉注射0.35～0.5毫升；产蛋前进行三免，胸部肌肉注射0.5～0.75毫升，以后每隔5个月免疫1次。

2. **治疗** 治疗用西药感清或普毒杀加中药感康或康必得，另加肾宝或肾肿消促进代谢和加多维增加营养，为了防止继发感染，加抗菌消炎药如新杆尽杀绝、杆菌必治或氨苄青霉素等。

鸡传染性法氏囊病

关键技术 ————————————————————

诊断：本病诊断的关键是发病突然，排黄色水样稀便。剖检主要见初期腔上囊明显水肿、充血、出血，后期萎缩，腺胃与肌胃交界处有出血点或出血斑。

防治： 本病预防的关键是疫苗预防，鸡群发病后，应立即用鸡传染性法氏囊病康复鸡血清或高免血清注射，同时应用抗生素和中药制剂治疗，能收到非常满意的效果。

鸡传染性法氏囊病又称鸡传染性腔上囊病和甘布罗病，是由病毒引起的一种急性、高度接触性、主要危害幼鸡的病毒性传染病。本病的病原是鸡传染性法氏囊病病毒，该病毒对理化因素的抵抗力非常强，耐热性强是本病毒的重要特点之一，56℃可存活5小时，60℃存活90分钟，70℃30分钟才死亡。对乙醚、氯仿和胰蛋白酶有耐受性。普通消毒药对其无效，但对甲醛敏感。

（一）诊断要点

1. 流行特点　在我国，鸡传染性法氏囊病的发病率很高，易感鸡群高达100%，死亡率可达40%~50%，最高达70%左右。本病主要发生于3~6周龄的幼鸡，但也有7~8周龄和126日龄鸡发病。幼鸡易呈暴发性流行，发病率和死亡率均很高。成年鸡感染后一般呈阴性经过。

病鸡是主要的传染源。易感鸡通过与病鸡直接接触而感染。被鸡粪便污染的饲料、垫料、饮水和场地可成为间接传染源。主要传染途径是消化道，也可通过呼吸道传染。

鸡传染性法氏囊病流行的经济重要性主要有两方面：一是该病传播迅速，发病率高，可达100%，死亡率可达20%以上。二是幼雏感染本病后，可导致严重的长期免疫抑制，造成严重的继发性或合并性感染和免疫接种失败。据报道，鸡早期感染鸡传染性法氏囊病，降低新城疫疫苗免疫效果40%以上，降低马立克氏病疫苗免疫效果20%以上。

2. 症状　该病主要特征是突然发病，感染后第3天开始死亡，死亡率迅速上升，在维持短时间的高死亡率后又迅速降低并康复，病程短一般为5~7天。初期症状见到有些鸡啄自己肛门周围羽毛，随即病鸡出现腹泻，排黄白色黏稠或水样粪便，不愿活动，伏卧于地，缩颈。

3. 病变　特征性病变为腔上囊严重水肿而比正常的肿大2~3倍，囊壁增厚3~4倍，质硬，外形变圆，囊的外面有淡黄色胶样渗出物，纵行条纹变得明显。囊内黏膜水肿、充血、出血、坏死，并含有奶油样或棕色果酱样渗出物。严重病例，法氏囊因大量出血外观呈紫黑色，质脆，囊内充满血液凝块。病的后期法氏囊萎缩。

腿肌肉有条片状出血斑，胸肌颜色变淡。

腺胃黏膜充血潮红，腺胃与肌胃交界处的黏膜有出血斑点，排列略呈带状。腺胃乳头无出血点，如有，则考虑并发鸡新城疫。

病后期肾脏肿大，肾小管因蓄积尿酸盐而扩张，输尿管也因蓄积尿酸盐而扩张变粗。有时整个肾脏呈苍白色。

除上述病变外，还可见到胸腺与盲肠扁桃体肿胀出血，脾肿胀且表面常见均匀散布的小坏死点。

本病的流行病学和病变有一定的特征，如3～6周龄鸡群突然暴发急性传染病，发病率很高，传播很迅速，发病和临诊康复都很快（5～7天），死亡集中发生于短短几天之内。尸体剖检时，可见法氏囊水肿、出血，体积和重量显著增加，不久萎缩变成深灰色，并有坏死灶。根据这些特点即可做出初步诊断，如有条件可进行病毒分离和血清学试验。

（二）鉴别诊断

1. **肺脑型鸡新城疫** 鸡患本病时也可见到法氏囊出血、坏死及干酪样物，也出现腺胃及盲肠扁桃体出血，但法氏囊不见黄色胶冻样的水肿，耐过鸡也不见法氏囊的萎缩及蜡黄色。而且，鸡新城疫多有呼吸道症状和神经症状。

2. **鸡传染性支气管炎肾病变型** 患病雏鸡常见肾肿大，有时沉积尿酸盐和法氏囊的充血或轻度出血，但法氏囊不见黄色胶冻样的水肿，耐过鸡也不见法氏囊的萎缩及蜡黄色。而且，患病鸡多有呼吸道症状，剖检可见气管充血、水肿、支气管黏膜下有时见胶冻样变形。

3. **鸡包涵体肝炎** 患病鸡的法氏囊有时萎缩且呈灰白色，常见肝出血、肝坏死的病变，剪开骨髓常见灰黄色，鸡冠多苍白，鸡传染性法氏囊病有时与此病混合感染，此时本病病情更为严重。

4. **鸡马立克氏病** 患病后有时见法氏囊萎缩呈灰白色，但不见法氏囊蜡黄色萎缩的病变。而且多见外周神经的肿大和腺胃、性腺、肺脏上的肿瘤病变。常见这两种病的混合感染，早期感染鸡传染性法氏囊病，则可增加鸡马立克氏病的发病率。

5. **鸡肾病** 死于本病的鸡常有急性肾病的表现，其法氏囊的萎缩不如鸡传染性法氏囊病的严重，而且鸡肾病的法氏囊呈灰色。鸡肾病多散发，通过对病史的了解，可准确鉴别此病。

6. 磺胺药物中毒　各种磺胺药的用量超过0.5%时，如果连用5天就可能造成中毒，表现出兴奋、无食欲、腹泻、痉挛，有时麻痹。剖检可见皮肤、皮下组织、肌肉、内脏器官出血，并见肉髯水肿，脑膜水肿及充血和出血，但此时法氏囊呈灰黄色，不见水肿及出血。

7. 鸡葡萄球菌病　本病除引起各关节肿大外，多见到皮肤液化性坏死，此时，病鸡皮下呈弥漫性出血，法氏囊呈灰粉色或灰白色。

8. 鸡大肠杆菌病　患病鸡可见法氏囊轻度肿大，呈灰黄色，但不见水肿及萎缩。剖检可见肺炎、肝周炎、心包炎等病变。

（三）防治

1. 预防　目前，本病尚无有效的防治药物，卫生管理和预防接种、被动免疫是控制本病的主要方法，但预防接种、被动免疫只限于流行地区使用。最理想的免疫程序是先期应用弱毒活疫苗后，再用灭活疫苗加强免疫。

（1）种鸡：①1日龄种鸡来自没有进行鸡传染性法氏囊灭活苗接种的种母鸡，首次免疫应根据母源抗体测定的结果来确定，一般多在10～14日龄用弱毒活疫苗首免。二免应在首免之后的3周进行。然后在18～20周龄和40～42周龄用油乳剂灭活苗各进行1次免疫，从而保证种雏后代的高母源抗体。②1日龄种雏来自注射过鸡传染性法氏囊灭活苗的种母鸡，首次免疫应根据母源抗体测定的结果而确定，一般多在20～24日龄用弱毒活疫苗首免，3周后进行二免，接种灭活苗的日龄同上。

（2）商品蛋鸡、商品肉鸡：①雏鸡来自注射过鸡传染性法氏囊灭活苗的种母鸡群，首次免疫同种鸡，二免在首免之后的3周进行，商品蛋鸡不再注射灭活苗。②雏鸡来自注射过鸡传染性法氏囊灭活苗的种母鸡，首次免疫同种鸡，3周后进行二免，但由于肉鸡多在50日龄后出售，可以不再进行二免，但如果超过60日龄出售，并在本病的高发区饲养，此时必须在首免后3周进行二免。

2. 治疗　一旦鸡场发生鸡传染性法氏囊病后，应立即采取以下措施。

（1）改善饲养管理：冬春季应把育雏舍的温度提高3～5℃，夏季应降温并减少饲养密度；饮水中加入5%的糖或0.1%的盐，饮水供应一定充足，保证不脱水，降低病鸡群中的蛋白含量，一般降低15%。

（2）消毒：对鸡舍和养鸡环境，可用过氧乙酸、百毒杀、含氯制剂和含碘制剂进行带鸡消毒、饮水消毒和环境消毒。

（3）紧急接种：①对确诊的早期发病鸡群，使用双倍剂量的中等毒力活疫苗饮水或肌肉注射，进行紧急接种，可起到减少死亡的效果；也可肌肉注射0.1毫升或皮下注射0.2～0.5毫升的高免血清，疗效显著，但价格较贵；或注射高免蛋黄液，有较好的治疗和预防作用。②如并发鸡新城疫，应紧急接种鸡新城疫I系苗。③如有细菌、球虫混合感染时，必须进行对症治疗。但不要使用对肾脏有损害作用的磺胺类药物。上述治疗后的10天必须用中等毒力活苗进行免疫。

（4）药物治疗：紧急接种的同时，用药物配合治疗，效果更佳，即用中药如感康或康必得加肾宝或肾肿消，再加抗菌消炎药如新杆尽杀绝、杆菌必治或氨苄青霉素等防止继发感染，用法用量按使用说明或遵医嘱应用。

鸡马立克氏病

关键技术

诊断：诊断本病的关键是病鸡在育雏和育成期出现外周神经、内脏器官、性腺、眼球虹膜、肌肉及皮肤发生淋巴细胞浸润和形成肿瘤的特征。

防治：预防本病的关键是早期严格消毒配合疫苗接种，鸡群一旦发生鸡马立克氏病后即无治疗价值。

鸡马立克氏病是由病毒引起的鸡的一种具有高度传染性的淋巴组织增生性肿瘤病。目前，世界各国都有此病的发生和流行，给养鸡业造成严重的经济损失。本病的病原是鸡马立克氏病毒。该病毒对环境中的许多因素有较强的抵抗力，病毒在鸡群中可长期存在，能无限期地成为传染源。但该病毒对化学药物较敏感，许多普通化学消毒剂可在10分钟内将其灭活。福尔马林熏蒸可在短时间内使其灭活。

（一）诊断要点

1. 流行特点 本病主要发生于鸡，其他禽类很少发生。1日龄雏鸡易感性高，母鸡比公鸡易感，多数在2～5月龄发病；易感性随年龄的增长逐渐降低。商品鸡场中的感染常发生在出壳后1周内。鸡群一旦感染即持续终身。感染在鸡群中广泛传播，鸡于性成熟时几乎全部感染。同一鸡群中可同时存在几种不同毒力的病毒。鸡马立克氏病主要为水平传播，一般不垂直传播。

病鸡和带毒鸡是最主要的传染源。病鸡或隐性感染鸡可以长期带毒、排毒，病毒随皮屑和脱落的羽毛污染垫料、粪便、尘垢、空气等，并能在室温下存活4～6个月，是自然条件下最重要的传染源，可通过消化道和呼吸道传染。

鸡马立克氏病的发病率为10%～60%。发病率的高低与鸡的品种、病毒的毒力、感染的时间和感染的严重程度以及饲养管理制度有很密切关系。

2．症状　本病的主要特征是淋巴细胞浸润和增生，临床上表现为四型：神经型、内脏型、眼型和皮肤型。

（1）神经型：主要是一肢或两肢麻痹，不能站立，一腿向前而一腿向后形成劈叉姿势。

（2）内脏型：呈进行性消瘦，鸡冠、肉髯萎缩苍白，无光泽，极度消瘦，最终衰竭死亡。

（3）眼型：单眼或双眼发病。病鸡对光线反应迟钝，视力减弱或消失，虹膜呈灰色，瞳孔边缘不规则，呈锯齿状，俗称"白眼病"或"灰眼病"。

（4）皮肤型：一般缺乏明显的临床症状，有时皮肤上有肿瘤。表现为个别羽囊肿大，并以此羽囊为中心，在皮肤上形成结节，约有玉米至蚕豆大，较硬，少数溃破。病程较长，最后瘦弱死亡。

3．病变

（1）神经型：可见受害的神经肿胀，有时呈水肿样，比正常的粗2～3倍，颜色由正常的银白色变为灰色、灰黄色。对称的神经通常是一侧受害，与对侧正常的神经比较有助于诊断。

（2）内脏型：在内脏器官中产生各种各样的肿瘤病变。肿瘤呈巨块状或结节状、灰黄白色、质硬、切面平整呈油脂样；也有的是肿瘤组织浸润在脏器实质中，使脏器异常增大。

以上四型以内脏型发生的最多；神经型也很常见，但在鸡群中，发病率比内脏型低；眼型、皮肤型及混合型发生得很少。

通过典型症状和病变及流行特点即可做出诊断，对非典型的病例，确诊需进行病毒分离或血清学诊断。

（二）鉴别诊断

内脏型鸡马立克氏病与鸡淋巴细胞性白血病的重要区别在于：鸡淋巴细胞白血病在4月龄之后才发生，6～18月龄为主要发病期，此时鸡马立克氏病已很少发生；鸡淋巴细胞白血病在腔上囊发生结节性肿瘤，鸡马立克氏病则经常引起腔上囊萎缩，个别病例腔上囊壁增厚，但无肿瘤；并且鸡淋巴细胞白血病不出现鸡马立克氏病那样的麻痹、"灰眼"症状。

（三）防治

目前，对本病无任何治疗方法，因此本病的关键在于预防。由于病毒传染力很强，病鸡和带毒鸡又不断地向外排出病毒，因而，一般的隔离措施效果并不理想。较理想的防疫方法是在早期严格消毒，配合疫苗接种。

1. 加强早期的严格消毒要加强孵化室的卫生消毒工作。当出雏50%时，一定要用每立方米10毫升的福尔马林薰蒸10分钟，以杀死绒毛上的病毒，减少污染。饲养前严格搞好鸡舍和环境卫生，饲养期间注意通风换气，加强鸡群的饲养管理，特别是21天内的饲养管理。可用0.2%过氧乙酸带鸡消毒，每周2～3次。

2. 疫苗接种1日龄接种鸡马立克疫苗。目前，大多用双价疫苗，常见的双价疫苗有HVT+SB1和HVT＋HPRS–16。哈尔滨兽医研究所，江苏农学院均研制出双价苗。国外还有三价苗。目前，美国和日本还在研制基因工程苗。

鸡淋巴细胞性白血病

关键技术

诊断：本病诊断的关键是4月龄之后发病，发病高峰为6～18月龄，除全身很多器官发生肿瘤外，腔上囊也发生结节性肿瘤。

防治：本病无治疗价值，也无疫苗预防，防治本病的关键在加强卫生管理。

鸡淋巴细胞性白血病是由病毒引起的禽白血病中最主要的一种慢性肿

瘤性传染病。特征是病程较长，淋巴细胞发生无限制的恶性增生，全身很多器官产生肿瘤性病灶。本病的死亡率很高，对养鸡业的危害特别严重。本病病原为鸡淋巴细胞性白血病病毒，该病毒对乙醚和氯仿敏感，不耐高温，高温下可快速灭活。

（一）诊断要点

1. 流行特点　在自然情况下，一般母鸡比公鸡易感性高。几乎所有鸡群都发生感染，但常不出现症状。

本病多发生于4月龄以上的成鸡，呈慢性经过，致死率为5%～6%。该病的发病率比鸡马立克氏病低得多，偶尔出现发病率高的鸡群。

该病毒可垂直传播或水平传播。感染病毒的母鸡可经蛋传播给鸡胚而造成垂直传播，孵出的小鸡发生持续性病毒血症，并通过粪便和唾液排毒，从而造成同群鸡的水平传播。垂直传播是本病的主要传播途径，公鸡不能引起病毒的垂直传播。

2. 症状　该病毒使感染的鸡发生多种类型的肿瘤性疾病，其中以淋巴细胞白血病为最常见。该病早期无明显症状，在病情达到一定程度时，病鸡表现为进行性消瘦，冠髯萎缩、苍白，产蛋停止；有的病鸡腹部膨大，用手按压可触及肿大的肝脏、肾和法氏囊，病鸡最后衰竭死亡。

3. 病变　剖检主要见肝比正常的增大好几倍，一直延伸到耻骨，覆盖整个腹腔；质脆，表面有灰白色数量不等、大小不一的肿瘤结节；肝也可呈弥漫性肿大，所以此病俗称"大肝病"。脾脏肿大，有灰白色肿瘤病灶。腔上囊总可见到结节性肿瘤病灶，这是该病的特征性病变。

（二）鉴别诊断

见鸡马立克氏病的鉴别诊断。

（三）防治

由于鸡群一旦发病后无治疗价值，因此本病关键在于预防，因无疫苗预防，故本病的防治应采取：病鸡和可疑病鸡应经常检出淘汰。孵化用的种蛋和留种用的种鸡，必须从无本病鸡场引进，保证供蛋鸡群和孵化房的卫生是绝对必要的。

鸡传染性支气管炎

关键技术

诊断：本病诊断的关键是病鸡出现呼吸道症状的同时，成鸡产出特殊的畸形蛋和雏鸡输卵管萎缩。

防治：本病预防的关键是疫苗接种，鸡群一旦发病，可用止咳化痰、平喘药物对症治疗，同时配合抗生素或其他抗菌药物控制继发感染，临床效果很好。

鸡传染性支气管炎是由病毒引起的鸡的一种急性、高度接触性呼吸道传染病。本病病原为鸡传染性支气管炎病毒。该病毒对外界不良条件的抵抗力较弱，对75%酒精、20%乙醚、5%氯仿、0.1%去氧胆酸钠、1%福尔马林、1%来苏尔、0.01%高锰酸钾和2%氢氧化钠敏感，很快被灭活。大多数病毒经50℃15分钟和45℃90分钟便被灭活，30℃可保存几年。

（一）诊断要点

1. 流行特点　不同年龄、性别和品种的鸡均易感，但主要侵害1～4周龄的雏鸡。6周龄以上的鸡极少死亡。该病传播迅速，几乎在同一时间内，有接触史的易感鸡都可发病。流行过程不长。

本病主要通过病鸡咳出的飞沫经呼吸道传播，也可通过污染的饲料、饮水和饲养用具间接传播。

2. 症状　病鸡看不到前期症状，鸡群会突然出现有呼吸道症状的病鸡，并迅速蔓延，病鸡的主要表现为咳嗽、打喷嚏、气管有罗音乃至特殊声音，夜间更为明显。

雏鸡发病可见鼻流黏液；成鸡发病可见产蛋减少，并由于输卵管炎而产软壳蛋、粗壳蛋及畸形蛋，蛋白稀薄。单纯感染病程为7～10天，恢复产蛋需4～5周，对老龄蛋鸡的产蛋影响更大。2～3周龄的鸡群感染后出现死亡，死亡率在10%以下；若与其他病并发，死亡率可达25%以上。

雏鸡感染本病后有部分鸡输卵管发生永久性变性，到性成熟时不产蛋或产畸形蛋，因此感染本病的鸡不能留作种用。

在感染侵害肾脏时，由于肾功能的损害，病鸡脱水，鸡冠变暗，并排出含有大量尿酸盐的粪便。

3. **病变** 本病的病变主要表现在上呼吸道、气囊、生殖系统和泌尿系统。病鸡的气管、鼻道和窦中有浆液性、卡他性或干酪样的渗出液。气囊可呈现浑浊或含有黄色干酪样渗出物。在病死鸡的气管下部或支气管中可见到干酪样的栓子。肺充血、水肿。产蛋母鸡的卵泡充血、出血，有的萎缩变形。输卵管缩短，严重时变得肥厚、粗糙，局部充血、坏死。腹腔内常有大量卵黄浆。如在雏鸡期间感染本病，则输卵管损害是永久性的，其输卵管长度和重量比正常的缩短一半。长大后一般不能产蛋，而外观与正常鸡无异。要通过检查耻骨间距（俗称几指胯），将其检出淘汰。发病的大龄鸡，输卵管的病变轻一些，能有一定程度的恢复，长大后产蛋受一定影响。成年鸡输卵管的变化在病后能有所恢复，有的经21天可恢复正常，但不是所有的鸡都能恢复到正常程度。

有些毒株引起明显的肾脏病变，被称为"肾型传支"，表现为肾脏肿大、颜色苍白，肾小管常因尿酸盐沉积而扩张，使肾脏呈花斑状，输尿管因尿酸盐沉积而变粗。心、肝的表面有时也沉积尿酸盐，似一层白霜。泄殖腔内常有大量石灰样尿酸盐。法氏囊内充血、出血，积液增多。"肾型传支"多伴有下痢症状，死亡率可高达30%。

（二）鉴别诊断

1. **鸡新城疫** 见鸡新城疫的鉴别诊断。

2. **鸡传染性喉气管炎** 本病可出现出血性气管炎，咳血痰，呼吸道症状更严重，死亡率高，雏鸡发病的少且传播比鸡传染性支气管炎慢，但鸡传染性支气管炎雏鸡死亡率却很高，虽有明显的呼吸困难、罗音和咳嗽，但病变多在气管的下1/3处，而且分泌物中无带血现象。

3. **鸡传染性鼻炎** 该病鸡常见面部肿胀，而鸡传染性支气管炎很少见到这种症状。

4. **鸡减蛋综合征** 本病也可致产蛋量下降和蛋壳质量问题，但不表现呼吸道症状和病变。

（三）防治

1. **预防** 预防本病的关键是加强卫生管理和疫苗接种。疫苗接种用滴眼法较合适，因气雾对呼吸道应激较严重，特别是在慢性呼吸道病较严重的鸡场更应慎重，饮水法易受多种内外因素影响，掌握不好免疫效果不佳。选择疫苗时，最好是在弄清本地病毒的血清型的基础上选用同型疫苗来接种，在尚未弄清当地病毒血清型之前，一般可选用H_{120}和H_{52}疫苗。H_{120}可用于雏鸡，也可用于其他日龄，H_{52}则用于经H_{120}免疫过的鸡群，如用本地分离出来的毒株致弱后制成疫苗，其免疫效果一般比较理想。

另外，接种疫苗时一定注意接种鸡传染性支气管炎疫苗与鸡马立克疫苗的时间不要靠得太近，特别不要在接种鸡马立克疫苗前几天接种鸡传染性支气管炎疫苗。建议的免疫程序为4～5日龄首免，6周龄进行二免，以后每2～3月免疫1次。在鸡传染性支气管炎流行严重的地区，首免可在1日龄进行。

2. 治疗 鸡群一旦发病，在采用止咳化痰、平喘的中药对症治疗的同时，配合抗生素或其他抗菌药物防止继发感染，另外再改善饲养管理，在临床上可收到较满意的效果。如治疗呼吸道传染性支气管炎，用克咳或强力洁林加呼喘通，可同时紧急免疫；肾型传染性支气管炎用肾宝或肾肿消。

鸡传染性喉气管炎

关键技术

　　诊断：诊断本病的关键是病鸡出现高度呼吸困难和咳出带血的黏液，剖检主要病变是受侵害的气管黏膜细胞肿胀、水肿，并导致糜烂和出血。

　　防治：预防本病的关键是疫苗注射。鸡群发病后注射免疫血清或用中药对症治疗，抗菌药物防止继发感染和饲料中增加维生素、矿物质，临床效果较好。

鸡传染性喉气管炎是由病毒主要引起成年鸡的一种急性、接触性呼吸道传染病。本病病原为鸡传染性喉气管炎病毒，该病毒对乙醚等脂溶剂、热及各种消毒剂均敏感，但耐低温，该病毒的冻干制剂在冰箱中可保存活力达10年之久。该病毒对直射阳光的抵抗力很弱，经6～8小时灭活。3%甲酚和1%氢氧化纳能使病毒迅速灭活。

（一）诊断要点

1. 流行特点 本病仅感染鸡。各日龄的鸡均能发生，但通常只有成年鸡和大龄青年鸡才表现出典型症状。

病鸡和带毒鸡咳出的血液和黏液存在病毒，由呼吸道和眼睛侵入健康鸡体，主要通过健康鸡与病鸡或带毒鸡直接接触传播。自然感染的潜伏期为6～12天。该病在易感鸡群中传播迅速，呈流行性或地方性流行。发病率高达60%～100%，死亡率一般在10%～25%。本病流行后，在鸡群中约有2%的鸡成为带毒者。易感鸡与它接触可使该病在整个鸡场内传播。污染的器具、垫料能引起机械性传播。接种过本病疫苗的鸡在较长时期内排出有致病力的病毒。

2. 症状 病鸡主要表现为咳嗽、打喷嚏、气喘、呼吸困难、张嘴伸颈喘息，并伴有咯咯声及湿性罗音。严重病例咳嗽频繁，发生痉挛性咳嗽，脖一伸一缩的甩头，试图甩出气管内的阻塞物，常咳出血凝块或带血的黏液，悬挂于笼网或墙壁上。炎性物阻塞气管可引起窒息死亡。由于呼吸不到足够的氧气，鸡冠变为青紫色。发病产蛋鸡产蛋量急剧下降，出现软壳蛋、退色蛋、粗壳蛋，老龄鸡的产蛋受影响更大。

有些鸡群发病时，还出现严重的眼炎，大多为单眼结膜充血，眼皮肿胀凸起，眼内蓄有豆渣样物质。

本病病程约2周，长者可达4周；死亡率一般为20%，高者可达70%。

3. 病变 病变主要在喉及气管。咽喉部分有多量的黏稠黏液，喉头水肿，剪开气管后，可见管腔中含有数量不等的血液和含有血丝的渗出物在气管壁上，喉头和气管黏膜上面还有针尖大小的出血点或糜烂灶。有的黏液凝固后像豆腐渣一样阻塞在喉头，这是造成病鸡突然死亡的原因。其他内脏没有明显的病变。

本病根据病鸡张口呼吸、喘气、湿性罗音、阵咳、咳出血性黏液等典型症状和鸡群的发病史，以及出血性气管炎的典型病变即可做出诊断。但以卡他症状为主的轻型病例必须经病毒分离或血清学试验等实验室诊断才能确诊。

（二）鉴别诊断

1. 鸡传染性鼻炎 各种年龄的鸡均可发病，但大鸡比小鸡多发，初产鸡最敏感。病初期呈一侧性面部发红、水肿、流浆液性鼻汁，后期则眼睑和面部两侧性水肿。剖检病变只局限于鼻道窦，气管和喉头一般无变化。用抗生素治疗有效。

2. **鸡传染性支气管炎** 见鸡传染性支气管炎的鉴别诊断。

3. **鸡毒支原体感染（鸡慢性呼吸道病、气囊病）** 本病雏鸡感染最严重，虽然也出现流鼻液、咳嗽、打喷嚏、呼吸困难，呼吸时发出罗音等症状，但该病比鸡传染性喉气管炎发病缓慢且病程长，数月至数周不等，剖检可见特征性的气囊浑浊、气管黏膜有珠状黄白色干酪样渗出物，黏膜明显增厚。

4. **禽霍乱** 本病虽也有呼吸困难、上呼吸道有大量黏液而发出咯咯声，但常有剧烈的下痢症状。慢性病鸡的肉垂肿大，关节肿胀，内有干酪样脓汁，母鸡卵巢有明显出血，有时破裂。

5. **鸡新城疫** 见鸡新城疫的鉴别诊断。

6. **禽流感** 本病虽也有轻度至严重的呼吸道症状如咳嗽、打喷嚏、呼吸有罗音、流泪等，但本病的特征性症状是突然精神委顿，食欲消失，羽毛松乱，成年母鸡产蛋停止，并表现出下痢、神经症状，皮肤可见水肿，呈青紫色。

7. **鸡痘** 三种鸡痘类型中的白喉型鸡痘也可出现呼吸困难，但将黏膜上的假膜剥下时，常使膜下的组织发生损伤，同时在部分病鸡皮肤上还可见到痘疹。

8. **禽曲霉病** 本病主要发生于1～15日龄的幼鸡，且常呈急性群发，发病率和死亡率都很高。剖检可见肺和气囊有粟粒大灰白色或黄色干酪样结节。

9. **维生素A缺乏症** 本病呈慢性经过，病初，一般很少见到咽部和食道有纤维蛋白性覆盖物，而有脓疱样小结节，且在上皮细胞和黏膜腺中多有角质化病变。

（三）防治

1. **预防** 加强卫生管理和疫苗注射是预防本病发生和流行的关键。目前我国广泛应用的疫苗有两种：弱毒冻干苗和强毒灭能苗。

（1）弱毒冻干苗：通常接种时间在4周龄，采用点眼、滴鼻或饮水的方法进行第一次免疫，但在流行期，小鸡在10日龄时也可进行免疫接种，产蛋鸡和种鸡在10周龄时再进行一次免疫。免疫期为6～12个月。弱毒冻干苗虽有较好的免疫效果，但能使免疫鸡带毒排毒，成为潜在的传染源，因此，接种疫苗的鸡切勿与易感鸡合群，也不宜在未发生过本病的地区或鸡场接种此疫苗。

（2）强毒灭能苗：该疫苗安全无散毒危险，在疫区和非疫区均可使用。免疫途径以皮下接种为最佳，亦可喷雾或滴鼻。免疫期在6个月以上。在4℃左右的普通冰箱中保存35个月，保护率仍可达85%以上。用于紧急接种，可迅速控制疫病的蔓延。

接种疫苗时应注意，如果有严重呼吸道病如传染性鼻炎、慢性呼吸道病的鸡群，不宜进行喉气管炎的免疫。接种过喉气管炎疫苗2周内的，最好不要再接种其他疫苗，以免产生免疫干扰，影响免疫效果。

2. 治疗　目前尚无特效的治疗药物，如能早期确诊，迅速对未感染鸡群接种疫苗，可以减少损失。疾病暴发时，可在饲料和饮水中加入维生素和矿物质，并用高免血清注射，有一定的效果。但高免血清价格昂贵。因此临床上多用中药对症治疗以缓解症状，同时用抗菌药物防止继发感染。所用中药和抗菌药物与治疗鸡传染性支气管炎大致相同，如果喉头出血或渗出严重者加甲紫水。

鸡痘

关键技术

诊断：诊断本病的关键是皮肤型的看皮肤上是否有痘疹和结痂，黏膜型的看口腔和咽喉黏膜是否有小结节、结痂和溃疡面，后期是否呼吸困难。

防治：预防本病的关键是疫苗接种，鸡群一旦发病，立即用中西医结合制剂——禽痘清治疗，临床效果很好。

鸡痘是由病毒引起鸡的皮肤型和黏膜型病变的高度接触性传染病。黏膜型鸡痘又称为鸡白喉。本病病原为鸡痘病毒。鸡痘病毒对热敏感，60℃10分钟、50℃30分钟可使其灭活。但对干燥具有强大抵抗力，脱落痂皮中的病毒可以存活几个月，冷冻干燥和50%甘油可使该病毒长期保持活力达几年之久；游离病毒，可被1%氢氧化钠灭活。该病毒对乙醚有抵抗力，对氯仿敏感；可耐1%石炭酸和0.1%福尔马林达9天之久。

（一）诊断要点

1. 流行特点 本病多发生于秋冬和早春。各种年龄和品种的鸡都易感，但雏鸡发病最为严重。本病可通过直接接触感染。病毒随病鸡的皮屑及脱落的痘痂等散布在饲养环境中，经皮肤或黏膜的微小伤口感染，也可经毛囊侵入机体。黏膜型的病鸡，呼吸道分泌液中含有大量病毒，可污染饲料、饮水和用具等，故也可通过消化道传染。吸血昆虫如蚊、蝇、蜱、虱等有机械传播作用，蚊虫吸吮病鸡血液后，可带毒30天。

2. 症状 与病变本病潜伏期4～8天。根据症状与病变可分为三个类型：皮肤型、黏膜型和混合型。

（1）皮肤型：在冠、肉髯、面部、眼皮、嘴角和肛门周围等无毛部位，形成一种灰白色或黄白色水疱样的小结节；小结节干燥形成痂皮，整个痂皮融合形成疣状痂，突出于皮肤表面即为痘，痘表面凹凸不平。剥去痂皮，可露出出血病灶。痂皮可存在3～4周，脱落后留下一个灰白色的疤痕。皮肤型无明显的全身症状，但感染1周龄的雏鸡，由于痘疹影响视力和采食，死亡率较高。较大年龄的鸡影响增重，成年鸡影响产蛋。

（2）黏膜型：主要病变发生在口腔、气管及食道黏膜。初期在黏膜上形成黄白色小结节，以后小结节相互融合，形成黄白色干酪样痂膜覆盖于黏膜表面。撕去痂膜，则露出出血的溃疡面。痂膜扩大增厚，可使气管狭窄而引起呼吸困难。较大的痂膜脱落可阻塞口腔、咽喉或气管，而且口腔、咽喉痘疹和溃疡，会不同程度地影响饮水、采食、吞咽和呼吸，严重的可导致鸡窒息死亡。雏鸡感染死亡率可高达50%。

本病根据典型的临床症状和发病情况，常可做出正确诊断，对于病情较轻或非典型病例，需进一步作实验室检查，如琼脂扩散试验。

（二）防治

1. 预防 定期做好鸡舍和用具的清洁消毒，及时扑灭、驱赶蚊、蝇等吸血昆虫，按照鸡痘免疫程序及时进行免疫是预防本病的关键。鸡痘的免疫程序是：用鸡痘刺种针或灭菌钢笔尖蘸苗，于鸡翅内血管处皮下刺种。6日龄以上的雏鸡，用200倍稀释苗刺种1针；20日龄以上的雏鸡，用100倍稀释苗刺种1针；1月龄以上的鸡，用50倍稀释苗刺种1针。接种后

3～4天，刺种部位微现红肿，继之结痂，2～3周后痂皮脱落。免疫期，成年鸡为5个月；初生雏为2个月，两个月后必须再进行1次免疫接种，以后每半年免疫接种1次。

2. 治疗 由于本病死亡率较低，尤其是皮肤型鸡痘，一般无需治疗，数周后即可自行康复。但为了促进康复和防止继发感染，应加强饲养管理和对症治疗。

（1）禽痘清：成鸡400只／袋，青年鸡、雏鸡酌减，每日1次，拌料。如用水煎服或用开水焖2小时，配甲紫500毫升，候温饮用，效果更佳，连用2～3日即愈，预防量减半。

（2）中西结合治疗：当口腔、咽喉黏膜上的假膜影响呼吸、饮食时，可用镊子小心剥除，然后涂上碘甘油。眼部肿胀的病鸡，可用2％硼酸水冲洗 干净，再滴5％蛋白银溶液。同时喂给鸡喉症丸、喉症消炎丸等。

鸡减蛋综合征

关键技术

诊断：本病诊断的关键是病鸡主要表现产蛋率下降，产软壳蛋、薄壳蛋、无壳蛋、破蛋以及褐色蛋。剖检只见生殖器官病变。

防治：本病预防的关键是疫苗注射，发病后给予适量的微量元素、维生素和增蛋冠军，同时喂给抗菌药物防止继发感染，有助于产蛋的恢复。

鸡减蛋综合征是由病毒引起的蛋鸡产蛋率下降的传染病。本病可使产蛋鸡群产蛋量下降20％～40％，蛋破损率达38％～40％，无壳蛋可达15％，给养鸡业造成极其严重的经济损失。本病病原为减蛋综合征病毒，该病毒对乙醚、氯仿、酸、碱不敏感，加热60℃30分钟被灭活，56℃可存活3小时，0.5％的甲醛48小时可使病毒完全灭活。

（一）诊断要点

1. 流行特点 各种日龄的鸡均可感染本病，26～35周龄的所有品系的鸡均易感，尤其产褐壳蛋的鸡最敏感，产白壳蛋的鸡发病率较低，35周龄以上的鸡较少发病。

本病毒既可垂直传播，也可水平传播。被病毒污染的种蛋和精液是垂直传播的主要因素。垂直传播感染的雏鸡多数不表现任何症状，在长成后鸡群产蛋率为50%至产蛋高峰时才排毒并迅速传播。感染鸡还可通过泄殖腔、鼻腔排出病毒或者带有病毒的鸡蛋污染蛋盘，从而引起本病的传播。此外，家养或野生鸭、鹅或其他野生禽类的粪便污染饮水，也可将病毒传给母鸡。

2. **症状**　本病的典型症状是病初产蛋异常，之后马上出现整群鸡的产蛋率突然下降，远远低于正常水平，即使病愈后再也恢复不到标准的产蛋高峰。在临床上可发现病初有色蛋的色泽消失，很快出现蛋壳变薄、变软甚至出现无壳蛋。薄壳蛋质地粗糙，像砂纸样极易破损；并出现少数畸形蛋及小型蛋。蛋质量下降，蛋白稀薄，蛋黄颜色变浅。发病一般持续4~10周，产蛋量急剧下降，并可持续数周，产蛋率下降可达40%以上。由母体垂直感染的鸡，多在产蛋率达50%至高峰期发病，即在28~32周龄。

感染鸡通常不表现明显的临床症状，个别鸡会出现食欲减退、腹泻、贫血、羽毛散乱及精神不振等症状。

3. **病变**　剖检病鸡时，肉眼无明显的特征性病变，一般仅可见到生殖器官的炎症，如卵巢萎缩或出血、卵黄松散、腹腔内有不同形成期的卵，子宫水肿，输卵管有渗出物等。

（二）鉴别诊断

本病必须与鸡传染性支气管炎、鸡非典型新城疫和饲养管理不当造成的产蛋下降相区别。

1. **鸡传染性支气管炎**　本病不仅出现畸形蛋、粗壳蛋、薄壳蛋、蛋内质量降低及产蛋率下降等症状，而且还表现出明显的呼吸道症状和病变。

2. **鸡非典型新城疫**　病鸡产蛋减少，有少数畸形蛋，输卵管充血，卵泡充血并有少数卵泡破裂，蛋黄浆流入腹腔等情况，很像鸡减蛋综合征。但鸡非典型新城疫病鸡出现黄绿色稀便、呼吸道症状和各种神经症状，剖检可见明显的消化系统出血点或溃疡灶。

3. **饲养管理不当引起的产蛋下降**　此种情况引起的只是产蛋率下降，很少出现畸形蛋和蛋壳质量的问题，且有饲养管理不当史。

（三）防治

1. **预防**　加强卫生管理和疫苗接种是防治本病的关键，鸡场应与鸭场分开，病鸡群所产的蛋禁作种用，鸡粪应加强管理和消毒。为防止垂直传播，在原种鸡场和祖代鸡场应作好鸡群净化工作，对血清学反应阳性鸡，一律淘汰。应用EDS76病毒油佐剂灭活苗可起到了良好的保护作用。商品蛋鸡在14～16周龄时注射1次，可使整个产蛋期内获得免疫保护，种鸡可在35周龄时再注射一次。除此单价灭活苗外，还有二联苗和三联苗，如EDS76和ND二联苗，EDS76、ND和IBD三联苗，ND、EDS76和IB三联苗在临床应用也有较好的保护作用。

2. **治疗**　本病目前尚无有效的治疗方法，但鸡群发病后给予适量的微量元素、维生素和增蛋冠军，同时喂给抗菌药物防止继发感染，有助于产蛋的恢复。

鸡脑脊髓炎

关键技术

　　诊断：本病诊断的关键是本病主要发生于1月龄以下的雏鸡，表现为头、颈、腿震颤，倒置加剧、转圈、犬坐、飞舞、倒向一侧，共济失调，产蛋鸡一过性产蛋率剧降。

　　防治：由于本病无特效药治疗，因此本病主要靠预防，预防的关键是疫苗注射。

鸡脑脊髓炎是一种主要侵害雏鸡的急性、病毒性传染病。过去本病曾被称为"流行性震颤病"。本病病毒为鸡脑脊髓炎病毒，该病毒对乙醚、氯仿、胰蛋白酶和去氧胆酸盐有抵抗力，对温度也有很强的抵抗力。病毒在干燥或冷冻的条件下，可存活70天。

（一）诊断要点

1. **流行特点**　雏鸡对本病最易感，主要侵害1月龄以内的雏鸡，8周龄以上的鸡对本病有抵抗力，常表现为隐性传染。

本病一年四季均可发生，但大多数在冬、春季（育雏高潮的月份）。

本病毒有极高的传染性，既可水平传播（接触传播）也可垂直传播（通过蛋传播）。水平传播主要经消化道感染，其次是通过呼吸道和外伤途径感染。感染鸡可从粪便中排出病毒，通过直接或间接接触传染给其他鸡；受感染的鸡胚，可在孵化箱中传播病毒，传染给健雏。垂直传播时，种鸡感染后，可经蛋感染其后代的，表现为孵化率下降、鸡胚在出壳前3天内死亡率增加以及出壳鸡出现共济失调等症状。

2. 症状 成年鸡感染后通常不表现明显的临床症状，只出现一过性产蛋率下降，有时可见蛋个变小。但雏鸡感染后就会出现明显的症状。经种蛋感染的小鸡，潜伏期为1～7天，即小鸡出壳后1周内出现症状，经口感染的则为11天以上。

病初可见呆滞，然后步态蹒跚，运动失调。病雏不愿走动而蹲坐在跗关节上，驱赶强行走动时，步态摇摆不定或向前猛冲后倒下。有的病雏两脚叉开，翅膀着地。有的病雏出现头、颈、腿部震颤，尤其是受到刺激时，更为明显而持久，最后伏卧或倒地，无法采食和饮水，并衰竭死亡。衰竭的鸡也可能被同群鸡践踏致死。死亡率一般为25%，高者可达50%。存活下来的鸡，仍有共济失调症状；部分鸡一侧或两侧眼睛失明。

3. 病变 剖检病死鸡常无明显的肉眼可见病变。胃的肌层中有灰白区，肝脏脂肪变性，脾增生性肿大，肠道轻度炎症等。

根据流行特点、鸡群的病史、典型的头颈震颤及产蛋母鸡一过性产蛋下降，剖检没有可见肉眼病变等情况，即可对本病做出初步诊断，但初次发病的确诊需进行病毒分离、荧光抗体试验等实验室诊断。

（二）鉴别诊断

本病主要与鸡维生素E、维生素D、维生素B_2缺乏症及鸡新城疫相区别。

1. 鸡维生素E缺乏症 本病一般发生于2～4周龄雏鸡，比鸡脑脊髓炎晚些。病雏常伴有白肌病及渗出性素质，剖检可见小脑水肿，表面常有出血点，脑内还有黄绿色混浊的坏死区。鸡脑脊髓炎在脑部则无肉眼可见的病变。

2. 鸡维生素D缺乏症（佝偻病） 本病虽然最早发生于10～11日龄的雏鸡，但一般常发生于2周龄之后，表现明显的骨软症。

3. 鸡维生素B_2缺乏症 本病一般发生于2周龄以上的雏鸡，趾爪明显向内卷曲，卧地不起，剖检可见坐骨神经和臂神经变软并肿大数倍。只要种鸡饲料中多维用量充足，就不会发生维生素缺乏症。如发生用相应的维生素治疗效果非常明显，而对鸡脑脊髓炎无效。

4. **鸡新城疫** 本病能引起各种年龄鸡出现明显的临床症状，除神经症状和产蛋率下降外，还可见呼吸道症状及黄绿色、黄白色稀便，剖检可见消化道及其他一些内脏器官有明显的肉眼变化。鸡脑脊髓炎主要发生于3周龄以下的雏鸡，剖检没有可见的肉眼病变。

（三）防治

本病尚无特效药治疗，主要采取综合性防治措施，加强饲养卫生管理和免疫接种。

1. **加强饲养卫生管理** 平时对种鸡要加强消毒检疫，对血清学反应阳性鸡一律淘汰。因种鸡患病后无特征性的症状，易被误诊或忽视。如果不是饲养管理方面因素影响的产蛋率突然下降，要立即进行实验室检查，确诊后，在产蛋率恢复到正常时的1个月左右，种蛋不能用于孵化，可做商品蛋处理。对病鸡，应立即挑出淘汰、深埋或焚烧，避免同群感染，如果发病率高，应全群淘汰，彻底消毒，重新进鸡。

2. **免疫预防** 接种疫苗有弱毒疫苗和灭活苗两种。用弱毒疫苗对10~16周龄的种鸡进行免疫，方法是将弱毒疫苗混入水中全群饮用，接种此疫苗前两周和接种后3周内不宜接种其他疫苗。不足8周龄的鸡不能使用弱毒疫苗，以免引起发病。处于产蛋期的鸡群不可接种弱毒疫苗，否则能使产蛋率下降10%~15%。孵化前4周内的母鸡不能注射弱毒疫苗，以防子鸡由于垂直传播而导致发病。屠宰前21天内，不能用此苗免疫。灭活苗则用于开产前种鸡的皮下注射。免疫接种后种鸡所产的蛋有鸡脑脊髓炎母源抗体，可保护小鸡不受此病感染达4周以上。

鸡包涵体肝炎

关键技术

诊断：诊断的关键是幼龄鸡群死亡率急剧上升，病鸡严重贫血，黄疸，肝脏肿大有黄白色针尖大小隆起的坏死点。多数呈急性死亡。患本病种鸡所产蛋的出壳率降低。

防治：目前，对本病还没有有效的免疫预防措施，主要的预防措施是加强饲养管理。

鸡包涵体肝炎是由病毒引起的一种急性传染病，又称鸡腺病毒感染和传染性贫血、出血综合征。本病病原是鸡腺病毒，该病毒对热和紫外线比较稳定，能抵抗乙醚、氯仿和酸，也能抵抗其他多种消毒剂；对福尔马林和碘制剂敏感。

（一）诊断要点

1. 流行特点　本病在自然条件下，主要发生于3～15周龄鸡，但在临床上多见于5～7周龄鸡。肉用鸡比产蛋鸡易感，产蛋鸡仅少数发病。发生过传染性法氏囊病的鸡容易发生本病。

本病毒随病鸡粪便排出，通过直接和间接接触感染，另外还能经蛋垂直传播；以春、夏两季发病比较多；病愈鸡能获得终生免疫。

2. 症状　本病的潜伏期很短，一般不超过4天。往往是在生长良好的鸡群中发病迅速，常突然出现死亡。病鸡精神沉郁、食欲减退或不食、羽毛蓬乱、翅膀下垂、双脚麻痹等，多数贫血，冠、肉髯、面部苍白；少数病鸡呈现黄疸。多数呈急性死亡，往往表现症状的几个小时内即可死去。临死前有的发出鸣叫声，并出现角弓反张等神经症状。发病率可高达100%，死亡率为2%～10%，有时可高达30%～40%。

3. 病变　肝脏病变最为明显，肝肿大、退色、质脆、脂肪变性，有许多点状或斑状出血点，在出血点之间常散在有灰黄色坏死灶，使肝脏外观呈斑驳状色彩。全身性浆膜、皮、肌肉等处出血，尸体表现贫血、黄疸。骨髓退色，呈灰白色或黄色，血液稀薄如水。严重病例的肾脏肿大，呈灰白色有尿酸盐沉积。脾脏轻度肿大，有白色斑点状或白色环状病灶。

（二）鉴别诊断

本病诊断时应注意与鸡传染性法氏囊病、鸡脂肪肝综合征及鸡弯曲杆菌性肝炎等相区别。

1. 鸡传染性法氏囊病　本病也有严重的肌肉出血和其他相似的症状，但本病更具有特征的法氏囊病变，而鸡包涵体肝炎病鸡法氏囊没有可见病变。

2. 鸡脂肪肝综合征　本病虽表现突然死亡，营养良好，肝脏肿大，被膜下有出血点等，但原因是由于饲喂高能量饲料所引起的代谢性疾病，通常是零星发病，无传染性。

3. 鸡弯曲杆菌性肝炎 本病肝脏被膜下有大的血疱，并常常破裂而发生腹腔积血，欲称"血水病"。

（三）防治

由于目前尚无有效的免疫预防措施，因此预防本病只能通过加强饲养卫生管理，防止和消除一切应激因素，如寒冷、过热、贼风和断喙过度等。用碘制剂和次氯酸钠对鸡舍和用具消毒。对可疑感染本病毒的种蛋所孵化出的小鸡，可将庆大霉素2万～4万单位溶于1升水中，让鸡自由饮用，连饮3天。重症病鸡在混饮同时，肌肉注射庆人霉素2毫克，早晚各1次，或用病毒速克、感康，并加护肝宁、鱼肝油，治疗效果较好。

鸡病毒性肾炎

关键技术

诊断： 诊断本病的关键是病鸡生长停滞，呈僵鸡状。剖检肾脏呈棕黄色，退色明显，表现为间质性肾炎。

防治： 防治本病的关键是加强饲养卫生管理。

鸡病毒性肾炎是雏鸡的一种急性、高度传染性、典型的亚临床性传染病。主要侵害雏鸡，临床呈隐性传染，肾脏呈棕黄色，退色明显，表现为间质性肾炎。本病病原为鸡肾炎病毒。本病毒对乙醚、氯仿、和酸有抵抗力；对热敏感，50℃30分钟可杀死本病毒。

（一）诊断要点

1. 流行特点 各种年龄的鸡皆可感染本病，但1日龄雏鸡最容易感染，尤其是1日龄的肉雏鸡。此外还可感染火鸡及其他禽类。

本病可水平传播，也可垂直传播。带毒鸡通常无任何临床症状，但能排毒污染环境，造成水平传播，使健康鸡感染。带毒鸡包括雏鸡和成年鸡，尤其是蛋鸡。本病毒还可通过蛋传递给下一代。由于本病基本呈隐性传染，因而极易无声无息地广泛传播。

本病毒在与鸡传染性法氏囊病病毒混合感染时，鸡死亡率很高。

2. 症状 1日龄雏鸡感染本病后，不表现临床症状，呈隐性传染；但能严重影响雏鸡的体重增加，引起生长停滞，尤其是肉雏鸡，个体矮小，呈僵鸡状，常被称为僵鸡综合征。对蛋鸡的影响不明显。

病鸡可发生间质性肾炎，造成泌尿系统紊乱，水盐代谢失去平衡；且可并发或继发其他疾病。各种年龄的鸡都易感，但1日龄雏鸡最易感。日龄越大，易感性越低。成年鸡不引起肾炎的变化，但可产生相应的抗体。

3. 病变 剖检死亡鸡时，肉眼可见肾脏退色明显，呈棕黄色。内脏器官表面可见有大量尿酸盐沉积。感染鸡表现为间质性肾炎。

（二）鉴别诊断

注意与鸡传染性支气管炎（肾型）相区别。鸡传染性支气管炎病毒的肾病毒株，能引起鸡的间质性肾炎，根据组织学病变区分这两种疾病很困难。鸡传染性支气管炎病鸡的气管内有炎症病变，并有分泌物，而且肾脏的感染，通常在有呼吸道症状之前。根据这些可区别于鸡病毒性肾炎。

（三）防治

目前本病尚无有效的防治措施，也无疫苗进行免疫预防。主要是靠加强饲养卫生消毒工作，防止感染本病。

鸡病毒性关节炎

关键技术————————————————————

诊断： 本病主要侵害鸡的关节滑膜、腱鞘，表现胫跗关节滑膜和腱鞘肥厚、硬化、炎性水肿、周围出血坏死，病鸡跛行、蹲坐，不愿行走。

防治： 本病预防的关键是加强饲养卫生管理和疫苗注射，同时应用抗生素防止继发感染。

————————————————————

鸡病毒性关节炎是由病毒引起的，主要侵害鸡的关节滑膜、腱鞘的一种传染病。本病又称传染性腱鞘炎、病毒性腱鞘炎等。本病呈世界性分布，是鸡的主要疾病之一。本病毒对热稳定，在56℃能耐受20～24小时，60℃8～10小时；对乙醚、氯仿、酸、2%来苏尔和3%福尔马林均有抵抗力；但70%酒精和0.5%有机碘可灭活病毒。

（一）诊断要点

1. 流行特点 各种日龄、品系的鸡对本病均易感染，但2周龄的雏鸡比5～20周龄的鸡更易感，肉用型鸡比产蛋型鸡更易感。本病在肉鸡群中传播迅速，在笼养蛋鸡群中传播较慢，且蛋鸡的发病率较低。在肉用鸡群中，感染率几乎可达100%，但死亡率一般在10%以下；病程10～15天或更长，生长迟缓为其突出症状。

本病可经水平传播和垂直传播。鸡与鸡之间的直接接触和间接接触，可使本病发生水平传播；感染后的种鸡也能经蛋垂直传播。病毒可在鸡体内持续存在289天以上，并通过粪便排出，因此带毒鸡是主要的传染源。病毒也可经空气传播。

本病常与葡萄球菌、大肠杆菌以及霉形体混合感染，致使病情恶化。在许多鸡群中，因本病而丧失经济价值的鸡可高达30%～50%。

2. 症状 根据临诊表现的不同，本病可分为腱鞘炎型和败血型两种。

（1）腱鞘炎型：病鸡主要表现不愿走动、步态不稳，继而出现跛行或单腿跳跃，足趾以外的足部及足胫腱鞘肿胀。病鸡的跛行始于足趾，随后向上蔓延到膝部，病鸡以膝着地。年龄较大的肉鸡可见腓肠肌腱断裂，导致顽固性跛行。

（2）败血型：病鸡一般表现为精神委顿，关节疾患一般不显著，随病情的发展，病鸡营养较差，发育不良，全身发绀和脱水；鸡冠齿端变软下垂，呈紫色甚至整个鸡冠变成深紫色，最后死亡。

3. 病变

（1）腱鞘炎型：主要表现足和胫部的腱和腱鞘水肿、充血或点状出血；跗关节和肘关节中常含有少量淡黄色或带血色的渗出物或干酪样物，少数为脓性；在踝上方的滑膜常有出血点；腓肠肌腱断裂。

（2）败血型：主要肉眼病变为全身发绀，血管充血、出血，腹膜炎，肝、脾、肾充血、肿大。

根据临床症状、病变可做出初步诊断。但在初发病的鸡场应进行病毒分离或血清学检查。

（二）鉴别诊断

本病应与鸡传染性滑膜炎、鸡传染性骨关节炎和鸡慢性禽霍乱等相区别。

1. 鸡传染性滑膜炎　本病除出现关节病变外，大多数病鸡还出现胸部和腹部气囊浑浊且呈水肿样肥厚，在气囊内含有灰白色乃至黄色干酪样凝块，并且常伴有心内膜炎或心脏瓣膜疾病。

2. 鸡传染性骨关节炎　病鸡的多个关节发生肿胀，特别是蹠、趾关节肿大多见。病变部位呈紫红色或紫黑色，有的破溃而形成污黑色痂。

3. 鸡慢性禽霍乱　病鸡肿胀的关节内常含有脓汁。

（三）防治

1. 预防　本病的预防主要是加强饲养卫生管理和疫苗注射。鸡群停止发病后，必须全部清除出鸡舍，进行清洗、消毒，可用万能碘稀释700～1 100倍进行喷雾或用福尔马林熏蒸并关闭2～4周后方能进鸡。雏鸡的疫苗接种方法：用弱毒苗皮下接种，8～12日龄首免，8～10周龄二免。注射后7～9天产生免疫力，免疫期约4个月。种鸡在上述免疫的基础上，于二次免疫后2～3个月进行第三次免疫。也可选用鸡病毒性关节炎、鸡新城疫、鸡传染性支气管炎和鸡传染性法氏囊病四联灭活油乳剂疫苗，按常规方法接种弱毒疫苗后，10～20周龄接种本疫苗，能产生持久免疫力，并保护雏鸡获得有效母源抗体。

2. 治疗　目前本病无有效药物，鸡发病后，侧面纵形切开关节部位，清除内容物，同时应用抗生素防止继发感染。

鸡贫血因子感染

关键技术 ————————————————————

　　诊断：本病诊断的关键是雏鸡出现明显的贫血：鸡冠、肉髯、可视黏膜、肌肉、各内脏器官苍白，骨髓变黄甚至成白色，胸腺、腔上囊明显萎缩。红细胞容积降至20%以下。

　　防治：目前本病尚无有效的药物治疗，因此，本病主要靠加强饲养卫生管理，提高机体的抵抗力及使用疫苗来预防。

鸡贫血因子感染是由鸡贫血因子引起的雏鸡再生障碍性贫血和全身淋巴组织萎缩，并导致免疫抑制的一种病毒性传染病。本病病原为鸡贫血因子，又称细小病毒。该病毒对乙醚、氯仿不敏感；对热稳定，70℃1小时仍保持感染力，80℃30分钟灭活；对次氯酸盐、碘、酚和福尔马林敏感。

（一）诊断要点

1. 流行特点　本病主要发生于幼鸡。8日龄以前的雏鸡最易感，发病率高达100％，死亡率达50％；随着日龄的增大，鸡对本病的抵抗力增强，发病率明显下降，并且发病后不发生死亡。成年鸡不易感，但可带毒、排毒。

本病主要经卵垂直传播，也可水平传播。有母源抗体的雏鸡可以感染并排毒，但不发病。母源抗体持续到3周龄。

2. 症状　本病呈亚急性经过，主要表现贫血。感染后10天发病。病雏精神沉郁，消瘦，冠、肉髯苍白，有的冠、嘴和脚鳞明显变黄，2天后开始死亡，死前出现暂时性的腹泻。血细胞容积可降到20％以下，这是本病的主要特征之一，感染后第8天开始降低，16天时降至最低（10％）。鸡正常红细胞容积水平为30％，25％以下均为贫血。本病引起的贫血不是溶血性贫血，而是再生障碍性贫血。

3. 病变　剖检时，病鸡肌肉、各内脏器官苍白，血液稀薄如水，肝、脾、肾肿大，肠、腺胃黏膜、骨骼肌、肾脏等常有散在的针尖至粟粒大的出血点，肌胃黏膜糜烂或溃疡。骨髓黄染甚至变成白色，胸腺、腔上囊显著萎缩。

根据流行特点、临床症状和病理变化一般可做出初步诊断。确诊需进行病毒分离和血清学试验。

（二）鉴别诊断

诊断时应注意与有类似症状和病变的疾病相区别，鸡马立克氏病和鸡传染性法氏囊病导致淋巴组织的萎缩，并伴有典型的组织学病变，但是在自然发病时不引起贫血症，二者在流行病学和病程经过方面也与鸡贫血因子感染有很大的区别。

（三）防治

1. 预防　加强饲养卫生管理，特别应加强对本病的疫情监测，以便采取相应措施。对进口种鸡、种蛋和禽用疫苗要加强检疫，杜绝此病的传入。

目前有两种国外进口的商品活疫苗，一种是由鸡胚生产的有毒力的活疫苗，可通过饮水免疫。对种鸡在13～15周龄进行免疫接种可有效地防止子代发病。但在产蛋前4周龄禁止使用本疫苗，以防止通过种蛋传播本病。另一种是减毒的活疫苗，对种鸡可通过肌肉、皮下或翅膀进行免疫接种，效果很好。如果后备种鸡群血清学反应呈阳性者，则不宜进行免疫接种。

2. 治疗 鸡群发病后无有效的药物治疗，用广谱抗生素防止继发感染。

鸡肿头综合征

关键技术

诊断：肉用鸡头部出现严重的皮下水肿，剖检见鼻黏膜上的小淤斑，眼结膜发炎，泪腺、结膜囊和面部皮下组织中有胶样浸润或干酪样渗出物。

防治：本病的发生与鸡传染性支气管炎的感染有关，加强饲养卫生管理的同时，及时注射鸡传染性支气管炎疫苗，并用抗生素类药防止继发感染。

鸡肿头综合征是由病毒引起的以面部和头颈严重肿胀为特征的一种疾病，有人也称为火鸡鼻炎或火鸡气管鼻炎。本病病原为禽肺病毒。

（一）诊断要点

1. 流行特点 各种年龄的鸡均可发生，但主要侵害4～7周龄的肉用鸡。该病传播迅速，常可在48小时内使多数鸡发病。本病的发病率可高达100%，死亡率一般在10%～20%。

传播途径为水平接触传播。受污染的水、发病或康复鸡的移动、人员和饲料车等设施的移动，可造成本病的传播。

2. 症状 病初打喷嚏，一天之内发生结膜潮红和泪腺肿胀，面部、眼睑及鸡冠肿胀。病势在鸡舍内迅速蔓延到全群。症状出现3天后，病鸡出现典型症状：头部和鸡冠出现严重水肿，开始见于眼部周围，继而发展到头部，再波及至下颌组织、肉垂和颈部。眼睑因水肿全部闭合，眼结膜发炎，泪囊肿胀，两眼角间至卵圆形外观。有的出现共济失调、歪颈，少数鸡出现角弓反张。产蛋鸡的产蛋率下降。病鸡常见腹泻，排绿色恶臭稀便，常因继发感染导致败血症而死亡。

3. **病变** 剖检时发现有喷嚏症状的病鸡首先可看到鼻黏膜上有小淤血斑，继而该黏膜出现严重而广泛的从红到紫的色变。结膜发炎，鸡冠皮下、面部以及喉头周围发生严重水肿，切开时可见胶样浸润。泪腺、结膜囊和面部皮下组织中有数量不等的干酪样渗出物，此为引起病鸡肿头的原因。

根据特征性头肿大症状和流行特点即可做出初步诊断，但确诊需进行病毒分离和血清学检查。

（二）鉴别诊断

鉴别诊断时应注意与鸡传染性鼻炎、鸡传染性支气管炎等相区别。

1. **鸡传染性鼻炎** 本病最明显的特点是鼻腔和鼻窦内有浆液性或黏液性分泌物。

2. **鸡传染性支气管炎** 本病以出现气管罗音、咳嗽、打喷嚏为主要特征。

（三）防治

1. **预防** 目前，尚无有效的疫苗预防，因此，预防本病的关键是加强饲养卫生管理。又因本病的发生与鸡传染性支气管炎感染有关，及时注射鸡传染性支气管炎疫苗，更能很好的预防本病。

2. **治疗** 本病无有效治疗药物，鸡群发病后，给病鸡群合理通风和应用抗生素、磺胺类药物混饲或饮水进行预防或治疗，可控制疾病的发展。

肉鸡生长迟缓综合征

关键技术

诊断：诊断本病的关键是病鸡生长迟缓，增重减少，饲料报酬明显降低，小鸡肤色苍白和羽毛生长不良，跛行等。主要临床特征是患病子鸡到上市日龄时，体重只及正常鸡的一半。

防治：本病目前无有效的疫苗和治疗药物，预防本病的关键是加强饲养卫生管理。

肉鸡生长迟缓综合征是近年来国外新发现的一种主要危害肉用子鸡生长的疾病。本病的名称很多，例如吸收障碍综合征、苍白鸡综合征、传染性矮小综合征、骨质疏松症、传染性腺胃炎等。大多数研究者认为本病病原是一种呼肠孤病毒。

（一）诊断要点

1. 流行特点 本病主要发生于2周龄以内的肉用子鸡。子鸡在刚出壳时最易感，以后抵抗力迅速增高，4周龄时死亡率极低，但仍能感染病毒。公母鸡的死亡率并无差异。来航鸡和肉用子鸡对病毒接种的反应也无明显差异。

本病既能水平传播又能垂直传播，水平传播的概率比垂直传播大。小鸡可因误食病鸡的粪便及污染的饲料和饮水，经消化道感染而发病。本病毒也可经卵传递给子代。

由于本病毒对温热和多种消毒剂都有较强的抵抗力，所以在被其污染的孵化器及鸡舍中均能存活较长的时间，若不采取严格措施则很容易连续不断地在鸡群中传播。由此可见，本病水平传播的概率远远超过垂直传播。本病的发病率和死亡率都与饲养管理条件密切相关。

2. 症状 本病多发生于2周龄以下的肉用子鸡，最早见于3～7日龄，表现为腹泻，水样粪便，内含消化不良的食物。最明显的症状见于2～3周龄或更晚。感染本病的鸡虽然活泼且很贪吃，但因消化不良常使腹部下垂、腹泻、体重迅速下降，有的鸡只有正常同龄鸡三分之一重，所以在相同年龄的鸡群中，外表很象不同年龄的鸡混在一起。80%以上的病鸡羽毛发育异常，如在3～4周龄时，头颈部还留有胎毛；初次长出的翅羽数量很少且异常的短；羽毛蓬松，干燥无光泽，易断裂。约有30%～50%的病鸡羽毛及皮肤缺乏色素，尤以腿部羽毛及颈部皮肤更为明显。有的病鸡足软，有中度到严重的跛行。有的头颈部和肉髯出现水肿。

3. 病变 剖检可见鸡个体小，消瘦，皮下无脂肪蓄积。腺胃肿胀、增大，胃壁增厚，黏膜上偶有坏死和出血区。肌胃体积缩小，肌肉松弛，失去弹性。整个肠道贫血、苍白、扩张（尤其是盲肠），肠腔内含有大量消化不良的食物，盲肠内充满泡沫样物质，后段肠道内有一种具有特征性的橘黄或棕黄色黏性物质。胆囊扩张，胆汁充盈、变稀。骨骼钙化不全，胫骨变形、肋骨头肿大，呈佝偻病的念珠状变化，骨质疏松，股骨头坏死或断裂。心包液增多，偶而发生心包炎和局灶性心肌炎。有的病鸡有脑软化现象。

（二）鉴别诊断

本病主要根据特征性的临床症状和病理变化等作出诊断。该病通常不是全群受害，只是鸡只生长极不均匀，病鸡生长严重受阻，饲料报酬很低。到目前为止，未见特异性诊断方法，诊断时要加以注意。

（三）防治

本病目前无有效的疫苗和治疗药物，预防本病的关键是加强饲养卫生管理。

三、鸡细菌性传染病

鸡传染性鼻炎

关键技术

诊断： 诊断本病的关键是病鸡以鼻腔和鼻窦发炎、喷嚏、流鼻涕和面部肿胀为特征。多见于育成鸡和成年产蛋鸡。本病多发生于秋冬季节，发病率高，死亡率低。

防治： 预防本病的关键是加强饲养卫生管理和疫苗注射，鸡群发病后立即用鼻炎一日灵治疗，效果非常显著。

鸡传染性鼻炎是由细菌引起的鸡的一种急性呼吸道疾病。本病广泛分布于世界各地，死亡率不高，但发病率高，能使雏鸡生长停滞，蛋鸡产蛋量明显减少。本病病原是鸡副嗜血杆菌。该菌的抵抗力很弱，在鸡体外很快死亡，常用的消毒药及较低温度的热力均可将其杀死。如在45℃ 6分钟即可把该菌杀死。

（一）诊断要点

1. 流行特点 本病主要发生于8～9周龄的育成鸡和产蛋鸡。老龄鸡感染后，其潜伏期较短而病程较长。该病主要发生于寒冷潮湿的秋冬季节，气温骤变、鸡群过于拥挤、通风不良、寄生虫的侵袭等可增加本病的发病率和死亡率。

病鸡和健康带菌鸡是本病的传染源，主要是通过飞沫和尘埃经呼吸道感染，也可通过污染的饲料、饮水经消化道感染。

2. **症状** 最明显的症状是病鸡甩头、鼻腔和鼻窦内有浆液性或黏液性分泌物流出，面部及肉髯肿胀，结膜发炎，两眼肿胀并被分泌物粘住，仅出现轻微的呼吸道症状，下呼吸道感染时可听到罗音。多数病例发生下痢，排绿色粪便。当转为慢性并伴发其他细菌感染时，鸡群中可闻到恶臭的气味。育成鸡生长迟缓，死淘率增加，产蛋率明显下降10%～40%，甚至达70%。

3. **病变** 剖检病变主要在上呼吸道，可见鼻腔、鼻窦和气管黏膜的急性卡他性炎症，黏膜充血肿胀，表面附有大量渗出物或干酪样坏死物；卡他性结膜炎，结膜充血肿胀，失明鸡眼睑内蓄积大量脓性黄白色干酪样渗出物。偶可见急性卡他性支气管肺炎和气囊炎，气囊表面有干酪样脓性分泌物。产蛋鸡可发生卵黄性腹膜炎、卵泡软化及血肿。公鸡睾丸萎缩。

根据发病特点、症状、病变和鉴别诊断可以对本病做出初步诊断，但要确诊需进行显微镜下的病原检查或血清学检查。

（二）鉴别诊断

诊断本病时应注意与鸡慢性呼吸道病、慢性禽霍乱、鸡传染性支气管炎、鸡传染性喉气管炎、鸡眼型葡萄球菌病、鸡曲霉菌病及鸡维生素A缺乏症相区别。

1. **鸡慢性呼吸道病** 本病主要侵害4～8周龄的幼龄鸡，呈慢性经过，病程长，咳嗽及呼吸困难等症状明显。剖检时可见气囊混浊增厚，表面有干酪样物。而鸡传染性鼻炎主要发生于育成鸡和产蛋鸡，呈急性经过，传播迅速，咳嗽和呼吸困难症状及气囊病变少见。

2. **慢性禽霍乱** 本病在临床上除可见到渗出性结膜炎及肉髯、鼻窦肿胀外，还可见腿或翅关节、足垫有化脓性肿胀。

3. **鸡传染性支气管炎和鸡传染性喉气管炎** 两者均为病毒性传染病，发病率和死亡率都很高，呼吸道症状明显且严重，病程比鸡传染性鼻炎短。剖检鸡传染性支气管炎病鸡主要见气管、支气管黏膜充血水肿，管腔内有水样，黏稠透明的黄白色渗出物或干酪样物。剖检鸡传染性喉气管炎病鸡可见喉头黏膜肿胀出血，喉头和气管中有血样或干酪样分泌物，而没有鼻腔和鼻窦的严重病变。

4. 鸡眼型葡萄球菌病　本病多发生于40～70日龄的中雏，常仅见眼脸肿胀、粘连、失明，而鼻腔、鼻窦没有病变。

5. 鸡曲霉菌病　本病发生于潮湿温暖的季节，常因接触发霉饲料和垫料而感染，1月龄内的雏鸡最易感，死亡率高，病鸡张口喘气、呼吸困难。剖检病变为肺、气囊和胸膜腔上有针冒大至绿豆大的灰白色或黄白色结节，内含干酪样物，与鸡传染性鼻炎有明显区别。

6. 鸡维生素A缺乏症　病鸡消瘦、体弱、冠苍白，剖检的特征性病变是鼻道、口、咽部、食道及嗉囊黏膜有脓疮样灰白色小结节，当肾脏受损时可见到肾小管和输尿管中有尿酸盐沉积。

（三）防治

1. 预防　预防本病的关键是加强饲养管理和疫苗免疫注射。保持鸡舍通风良好，避免鸡群过于拥挤，防止寒冷和潮湿。发现病鸡应及时隔离治疗，加强鸡舍消毒。病愈康复鸡因能长期带毒，因此不能作种用。用鸡传染性鼻炎灭活菌苗，在雏鸡50日龄时进行首免，120～130日龄进行二免，必要时在二免后3～4个月进行三免。

2. 治疗　在鸡群发病的初期，立即投药的同时接种灭活苗，并应加强鸡舍的消毒和改善鸡群的饲养管理条件，能有效地控制本病的流行。

常用药物的使用方法。

（1）鼻炎一日灵：将本品100克加入50千克饲料，连用3天，病重者首次加倍。治疗效果非常好。

（2）复方泰灭净：首次量按1%饮水或混饲，投药1天，然后按0.5%饮水或混饲，再投喂4天。

（3）增效联磺散：按0.1%混料，连用5～7天。

（4）复方新诺明：按0.1%混料，连用5～7天。

（5）土霉素：按0.1%～0.2%混料，连用5～7天。

除投药以外，还应在饮水中加入万能碘、氯制剂或百毒杀等消毒剂，可以减少本病通过饮水传播的机会。

禽霍乱

关键技术

诊断：诊断本病的关键是本病多发生于16周龄以上的产蛋鸡群，鸡冠呈紫色。急性型以败血症和剧烈下痢、发病率和死亡率很高为特征；剖检肝脏肿大、脂变，并有针尖至粟粒大的灰黄色坏死灶。慢性型以肉髯水肿和关节化脓性肿胀为特征。

防治：预防的关键是加强饲养管理和疫苗注射。病鸡用抗菌类药治疗的同时加护肝宁。

禽霍乱又称为禽巴氏杆菌病、禽出血性败血症，是由多杀性巴氏杆菌引起的一种侵害多种禽类的急性接触性传染病。本病病原为禽巴氏杆菌。本菌抵抗力弱，在干燥的空气中2～3天即可死亡，60℃加热10分钟可将其杀死。常用的消毒药能很快杀死本菌，3%石炭酸、5%石灰乳、1%漂白粉、0.02%升汞溶液作用1分钟即可将其杀死。

（一）诊断要点

1. 流行特点　本病多发生于16周龄以上的产蛋鸡。温暖潮湿的环境和季节多发，通常发生于春末秋初。病的传播比鸡新城疫稍缓慢，且有间隔，往往鸡群中有部分鸡发病死亡后，间隔数日后再有病死鸡出现，或每日发现少数鸡死亡。鸡群中一旦发生本病，常不易在短期内控制疫情。

2. 症状

（1）最急性型：突然死亡，仅见鸡冠呈蓝紫色，无其他任何症状。

（2）急性型：此型最常见。体温高达42～43℃，拱背缩头，羽毛松乱，呼呼困难，口鼻流出黏液，鸡冠、肉髯肿胀、呈蓝紫色。腹泻，开始呈灰白色、黄色，后转为绿色，粪便污染肛门周围的羽毛，最后发生痉挛而死。产蛋鸡产蛋率下降，甚至停止。急性型病例死亡率很高，一般1～3天后死亡或转为慢性病例。

（3）慢性型：多见于流行后期，临床上以局部感染为特征，表现为肉髯、关节、足垫肿胀化脓，跛行，浆液性结膜炎，斜颈，慢性肺炎及慢性胃肠炎。成年母鸡产蛋停止，病鸡常进行性消瘦，最终衰竭而死。

3. 病变

（1）最急性型：死鸡一般无特殊病变，有的可见到心冠脂肪有少量出血点。

（2）急性型：可见全身充血出血变化，特征性病变是肝脏肿大、质脆、色暗红，表面有灰白色边缘整齐的针尖大至粟粒大的坏死灶；心外膜冠状沟密布大小不一的出血点；肺脏、腹膜、肠浆膜、腹腔脂肪等处有出血点或出血斑；心包积有黄色液体，腹水增加；十二指肠黏膜发生严重的出血性炎症；产蛋鸡卵泡松软，表面血管模糊不清或破裂。

（3）慢性型：其特点是局部感染。可见到肉髯化脓性坏死、关节化脓性炎症、心包炎、肺炎、胸膜炎及卵泡破裂形成的干酪样物。

通常根据剖检变化、临床症状和流行特点即可确诊，但在流行初期发生的无明显的临床表现和病变的最急性病例，确诊必须进行病原检查或血清学试验。

（二）鉴别诊断

诊断时应注意与鸡新城疫、鸡大肠杆菌病、鸡白痢、禽副伤寒等病相区别。

1. **鸡新城疫**　主要侵害鸡，各种年龄的鸡均可发生，传播迅速，发病率和病死率都很高，病程比禽霍乱长，呼吸困难症状明显，且常常出现神经症状。特征性病变是腺胃乳头出血，心冠脂肪有出血点，肠道黏膜出血、坏死或溃疡，盲肠扁桃体肿大、出血和坏死。而禽霍乱可侵害各种家禽，多发生于16周龄以上的产蛋鸡群，呈急性败血症经过时，病程短，病死率高。剖检时全身出血明显，肝有坏死灶，心包常含有纤维素性渗出物。

2. **鸡大肠杆菌病、败血性大肠杆菌病**　病死鸡尸体有特殊的臭味，剖检可见肝脏肿大呈绿色，有些病例肝表面有小白色坏死灶；而禽霍乱病死鸡尸体无特殊臭味，肝脏肿大，色暗红，上有典型的针尖至粟粒大坏死灶。

3. **鸡白痢**　主要侵害2～3周龄以内的雏鸡，病雏以排出白色糊状稀便为特征。成年鸡感染时，常呈慢性或隐性经过，无明显临床症状。剖检可见卵泡萎缩、变性、变色，呈油脂状或干酪样，有的卵泡破裂，引起广泛的腹膜炎。而禽霍乱主要侵害成年产蛋鸡群，急性型具有典型的临床症状，病程短，死亡率高；慢性型可见肉髯、关节等局部肿胀。

4. 禽副伤寒 主要侵害2周龄以内的雏鸡，成年鸡感染通常不表现临床症状，有时可出现厌食、腹泻、下痢、减蛋等症状。而急性禽霍乱呈典型的败血症变化，病死率很高。慢性型主要表现为冠和肉髯肿胀、化脓坏死，关节化脓性炎症及心包炎等病变。

（三）防治

1. 预防 预防本病的关键是加强饲养管理和疫苗注射。目前禽霍乱疫苗很多，如我国生产的禽霍乱 G 190E40弱毒菌苗、禽霍乱731弱毒菌苗、禽霍乱氢氧化铝菌苗、禽霍乱油乳剂菌苗等数种，但免疫效果最好的是国内新研制的禽霍乱蜂胶菌苗，对2月龄以上的鸡，每只鸡胸肌接种1毫升，免疫期可达6个月左右，其保护率在1～6个月内平均为95%，菌苗对鸡安全，无严重不良反应，个别鸡呈一过性减食或精神不适现象，一般经24小时左右即可恢复正常。除免疫接种外，平时还应进行药物预防，尤其是不进行免疫接种的鸡场，一般雏鸡在2月龄左右开始使用药物预防。常用的药物有抗生素、磺胺类药物等。无论哪种药物，反复应用均易产生耐药性，应引起注意。

2. 治疗 鸡场发生本病后，应立即采取有效的措施，病死鸡应全部深埋或焚烧，鸡舍及一切用具要彻底消毒，粪便经发酵处理后利用。对发病鸡群要严格检查，病鸡及可疑病鸡应及时隔离，重症者紧急扑杀深埋或焚烧，轻症者可选用以下药物进行治疗的同时加护肝宁。

（1）磺胺类药物：磺胺二甲嘧啶和磺胺甲基异唑（新诺明）等都有较好的疗效。近年来，用复方敌菌净（由1份敌菌净与5份磺胺间甲氧嘧啶或磺胺二甲嘧啶配成）治疗本病效果更好。其用量每次按20～25毫克/千克体重给药，每日2次。

（2）抗生素：青霉素、链霉素、土霉素、壮观霉素等均有较好的疗效。

鸡白痢

关键技术

诊断： 诊断本病的关键是2～3周龄以内雏鸡受害最重，病雏以急性败血症和排出白色糨糊样稀便为特征。

防治： 预防本病的关键是及时清除和淘汰鸡群中的带菌鸡，种鸡场更应建立和培育无白痢的种鸡群。发病后用杆菌必治、杀菌元帅、杆菌消、杆尽杀绝或肠泰等药物治疗的同时加鞣酸蛋白效果很好。

鸡白痢是主要危害雏鸡的一种细菌性疾病，是影响雏鸡成活率的主要因素之一。本病的病原是鸡白痢沙门氏杆菌。本菌的抵抗力很强，在5～6℃条件下，在木制饲槽上可存活65天，在夏季的土壤中可生存20～35天，冬季可生存128～184天，在鸡粪及其分泌物中可生存3个月以上，附着在羽毛上可生存1年，附着在卵壳上，在室温下经5天，或在孵化器内经3天才可死亡。一般的常用消毒药都能迅速将其杀死。

（一）诊断要点

1. 流行特点 本病主要侵害2～3周龄以内的雏鸡，不同品种的鸡对鸡白痢的易感性差异显著，轻型鸡比重型鸡抵抗力强。

病鸡和带菌鸡是本病的主要传染源，可水平传播和垂直传播，鸡群一旦被本菌污染，可以世代相传，危害鸡群，因此该病对养鸡业危害非常严重。

2. 症状 2～3周龄以内的雏鸡多发，尤其10日龄以内的雏鸡发病率和死亡率最高。当种蛋感染本菌时，往往在孵化器中或孵出后7日内发生死亡，有的在孵出后5～10天可见到鸡白痢症状。病雏以排出白色糨糊样稀粪、肛门周围被粪便污染而板结为特征；因粪便干结后封住肛门，故排便时常发出尖锐的叫声，嗜睡，怕冷扎堆而集于热源附近，可引起大批死亡。有的表现呼吸困难、关节肿胀、跛行、眼睛失明等症状。青年鸡和成年鸡感染后常是慢性或隐性经过，无明显症状；有时可见腹泻、产蛋减少或停止。

3. 病变 早期病雏病变轻微，仅见肝肿大、充血或有条纹状出血。

病程长的可见卵黄吸收不良，呈油脂样或干酪样。特征性的病变是在肝、肺、心脏、肠及肌胃上有黄色坏死点或小结节。盲肠有豆腐渣样栓塞。肾充血或贫血，输尿管扩张，有尿酸盐沉积。有些病例可见跗关节肿大，关节内有黄色的黏稠液体。慢性或隐性带菌成年母鸡，可见卵泡萎缩、变性、变色，呈油脂状或干酪样，常见卵泡破裂，引起广泛性腹膜炎。

根据流行特点、症状和病变即可做出初步诊断，确诊需采血做平板凝集反应。

（二）鉴别诊断

诊断时雏鸡应注意与禽副伤寒、鸡球虫病、雏鸡曲霉菌病相区别，而成年鸡则应注意与鸡霍乱、鸡大肠杆菌病、禽伤寒等相区别。

1. **禽副伤寒** 雏鸡副伤寒主要为水样腹泻。而雏鸡白痢排白色糊状粪便，剖检常见肾小管和输尿管扩张，呈白色，其内充满尿酸盐，在心脏和肺脏上有隆起的灰白色结节，可与禽副伤寒相区别。

2. **鸡球虫病** 盲肠球虫病主要见于3～6周龄的幼鸡，病鸡发生出血性下痢，剖检病变主要在盲肠，可见盲肠膨大，腔内充满血液或血凝块，其他脏器无任何变化。据此可与鸡白痢区别。

3. **雏鸡曲霉菌病** 本病多发生于温暖潮湿的季节，病雏以呼吸急促、张口喘气为特征，剖检可见肺、气囊、胸腹腔有小米至绿豆大的黄白色或灰白色的霉菌结节，而雏鸡白痢以拉白色糊状粪便为主要特征，剖检呈败血症变化。

（三）防治

1. **预防** 预防本病的关键是及时清除和淘汰鸡群中的带菌鸡及药物预防，尤其是种鸡场更应建立和培育无白痢的种鸡群。具体措施如下。

（1）种鸡检疫：坚持自繁自养，慎重从外地引进种鸡。对种鸡群应定期全面检疫。用全血平板凝集反应对曾祖代鸡群在120～140日龄时进行第一次普检，280～287日龄时进行第二次普检；对祖代鸡群在120日龄时及180日龄时进行两次普检；父母代鸡群在120日龄时进行普检。每次检出的阳性鸡全部淘汰，并对鸡舍、用具、地面彻底消毒，以后每隔3个月进行1次检疫，直到连续两次不出现阳性反应鸡后，可改为每年检疫1次。

（2）种蛋净化：种蛋必须来自无白痢鸡群，并在孵化前用福尔马林熏蒸消毒。孵化器、蛋盘在每次孵化前也应彻底清洗干净，然后用福尔马林熏蒸消毒。

（3）加强雏鸡的饲养管理：育雏室、食槽、饮水器经常保持清洁干净，温度保持恒定，垫草要勤换，鸡群不宜过分拥挤。

（4）药物预防：雏鸡出壳后，可饮用高锰酸钾水或环丙沙星饮水。另外，磺胺类药物、呋喃类药物和各种中药制剂及微生态制剂如促菌生、调痢生、乳酸菌、EM等均可预防鸡白痢，可根据具体条件选用。应注意的是用微生态制剂的前、后各4~5天内禁用抗菌药物，因为微生态制剂是活菌制剂。

2. 治疗 治疗本病的药物很多，可根据具体情况选用。

（1）用杆菌必治、杀菌元帅、杆菌消、杆尽杀绝或肠泰等药物治疗的同时加鞣酸蛋白效果很好，用法、用量按使用说明或遵医嘱。

（2）庆大霉素：每只鸡0.5万~1万单位，连喂5天。

（3）大蒜：1份大蒜加5份洁净的清水，捣碎制成20%的大蒜汁。每只雏鸡滴服0.5毫升，每天3~4次。大群治疗时，可把大蒜汁混合在饲料内喂给。

（4）土霉素：按0.2%~0.5%混料投喂，连用5~7天。

（5）促菌生DM423：每4只雏鸡喂1片，每日2次，连喂3~4天。

禽伤寒

关键技术

诊断：诊断本病的关键是本病主要侵害青年鸡和成年鸡，排黄绿色稀便，特征性病变为肝、脾显著肿大，肝脏呈绿褐色或青铜色。

防治：同鸡白痢。

禽伤寒是主要引起青年鸡和成年鸡的一种传播很快的败血性传染病。本病病原为禽伤寒沙门氏菌。本菌对热及多数常用消毒剂都很敏感。加热至60℃10分钟可杀死本菌。对低温的抵抗力很强，10℃经10个月不死。1%福尔马林、0.1%石炭酸、1%高锰酸钾、0.05%的升汞等普通消毒药都能在1~3分钟内将本菌杀死。

（一）诊断要点

1. 流行特点 本病主要感染3周龄以上的青年鸡和成年鸡，雏鸡也可感染，但较少见。

病鸡和带菌鸡是传染源，可以通过种蛋而垂直传播，也可水平传播。

2. 症状 本病多发生于育成鸡和成年鸡，但也可经种蛋传递而使雏鸡感染发病，并且死亡率较高。在孵化结束时，可见出雏盘中有死雏和不能出壳的死胚。病雏表现为嗜睡、虚弱、食欲丧失，腹泻，在肛门周围粘有白色粪便，有时可见呼吸困难的症状。育成鸡和成年鸡感染发病后，精神委顿；冠髯苍白萎缩，排黄色或褐色稀便，污染肛门周围，一般在发病后5～10天内死亡。如果发生腹膜炎，则病鸡呈企鹅式直立姿势。

3. 病变 突然发生死亡的急性病例病变轻微或没有病变。病程较长病例，最特征性病变为肝、脾显著肿大，肝脏呈绿褐色或青铜色，肝和心肌上散在灰白色小坏死灶，胆囊扩张，卵泡出血、变色、变性，发生卵黄性腹膜炎，卡他性肠炎以小肠病变最严重。

（二）鉴别诊断

雏鸡发生本病时应注意与鸡白痢和禽副伤寒相区别，育成鸡和成年鸡感染时，应当注意同禽霍乱、鸡丹毒、鸡大肠杆菌病的鉴别。

1. 雏鸡白痢 本病多发生于2～3周龄以内的雏鸡，死亡高峰在10日龄以内，而雏鸡伤寒和雏鸡副伤寒均可以导致刚出壳一周内的雏鸡发生大批死亡，后两者的鉴别依靠病原菌的分离鉴定。

2. 禽霍乱 多发生于16周龄以上的产蛋鸡群，病死率高，病程短，最急性病鸡一般无前期症状而突然死亡，或出现症状后数分钟死亡，并且多见于肥壮及产蛋率高的鸡。急性病鸡常在1～3天内死亡，剖检时有明显的全身性出血病变，肝稍肿、质脆，呈棕色或棕黄色，肝表面散布有许多灰白色、针尖大的坏死点，常见心包内积有不透明的淡黄色液体或纤维素性液体，心外膜和心冠脂肪明显出血，脾脏一般无明显变化。而禽伤寒的病程较长，多于发病后5～10天内死亡，且病死率较禽霍乱低，剖检肝脾肿大，肝呈绿褐色或青铜色。

3. 鸡丹毒 一般只在同一鸡舍内散发，相邻鸡舍的鸡群很少发病，病死鸡皮肤出血，有黑痂性病变，可与禽伤寒相区别。

另外，禽伤寒、慢性禽霍乱和鸡大肠杆菌病均可引起卵巢病变，诊断时应注意鉴别。

（三）防治

同鸡白痢

禽副伤寒

关键技术

诊断： 本病诊断的关键是以下痢、结膜炎和消瘦为特征。最常见于2周龄以内的雏鸡，造成大批死亡。

防治： 同鸡白痢。

禽副伤寒是由禽副伤寒沙门氏菌引起禽类的一类败血性传染病的总称。本病病原为多种禽副伤寒沙门氏菌。这些菌对热及多数常用消毒剂都很敏感，加热60℃5分钟即可死亡。甲酚、碱和酚类化合物常用作鸡舍的消毒，甲醛常用于种蛋、孵化器和出雏室的熏蒸消毒。

（一）诊断要点

1. 流行特点 本病最常见于2周龄以内的雏鸡，其中6～10日龄的雏鸡死亡最多，1月龄以上的鸡很少因感染本病而死亡。

病鸡和带菌者是本病的传染源，本菌传播非常迅速，主要经消化道感染。也可通过种蛋传播，但这种传播主要是在产蛋过程中或产出后蛋壳被产窝、地面或孵化箱内粪便中的沙门氏菌所污染，并穿透蛋壳进入蛋内繁殖所致。雏鸡也可经污染的孵化器或育雏器传播而感染。

2. 症状 本病主要发生于2周之内的雏鸡，呈急性或亚急性经过，如系种蛋或孵化器污染沙门氏菌，则可导致高死胚率及被孵雏鸡的快速死亡，死亡多发生于出壳后7日内。10天以上的病雏，表现严重的白色水样腹泻，粘污肛门周围，脱水和脱肛，怕冷、嗜睡、消瘦，病程约1周。病程稍长的，可见单侧结膜炎，甚至瞎眼。有的发生鼻炎、关节炎。

成年鸡通常呈隐性感染，不表现临床症状，有时可出现厌食、水样下痢、减蛋等症状。

3. 病变 新孵出的急性死亡的病雏，没有明显病变。病程稍长的病雏小肠黏膜出血、坏死，盲肠内有干酪样栓塞；肝和脾淤血肿胀，有明显的出血条纹和坏死灶；有的可见化脓性肝周炎和心包炎；胆囊扩张，卵黄凝固、吸收不全。

成年鸡急性感染的病例，肝、脾、肾充血肿胀，出血性或坏死性肠炎、心包炎、腹膜炎、卵巢化脓及坏死；慢性型病鸡消瘦、肠黏膜坏死溃疡，肝、脾、肾肿大，心脏有坏死结节，卵泡变形。

根据发病特点、临床症状、病理变化和鉴别诊断可以对本病做出初步诊断，但确诊须进行病原菌的分离鉴定。

（二）鉴别诊断

诊断时应注意与鸡白痢、鸡伤寒、禽大肠杆菌病、鸡肾型传染性支气管炎等病相区别。

鸡白痢、禽伤寒、鸡大肠杆菌病均可导致雏鸡的早期死亡和成年鸡的卵巢病变及腹膜炎，与本病的临床表现相似，诊断时应注意鉴别。

鸡肾型传染性支气管炎病雏鸡，除排白色稀便外，还有明显的咳嗽、喷嚏、气管罗音等呼吸道症状，剖检可见气管内有浆液性或干酪样渗出物，肾脏肿大苍白，肾小管和输尿管扩张，有白色尿酸盐沉积，可与本病相区别。

（三）防治

同鸡白痢。

鸡亚利桑那菌病

关键技术 ————————————————

诊断：诊断本病的关键是病雏以下痢、神经症状、眼睑肿胀、失明等症状为特征。剖检见肝脏切面灰白有出血条纹。

防治：防治本病的关键是加强饲养卫生管理。鸡群发病后用杀菌元帅、杀菌先锋、杆菌消、肠泰等另加鞣酸蛋白治疗效果极佳。

————————————————————————

鸡亚利桑那菌病是由亚利桑那沙门氏菌引起鸡的一种急性败血性传染病。

（一）诊断要点

1. **流行特点** 主要发生于雏鸡，尤其是刚孵出后的头几天，易感性更高，死亡率一般为10% ~ 50%，死亡可持续3 ~ 4周。本病主要通过直接接触以及污染的饲料、饮水、孵化器及育雏器水平传播，也可经被污染的种蛋垂直传播。

2. **症状** 病鸡精神不振、下痢，肛门周围粘有白色、红褐色或绿色粪便；眼睑肿大3 ~ 4倍，似"金鱼眼"，结膜发炎，并有白色分泌物，病重者眼睛失明；阵发性跳跃、向前冲撞或向后退缩、颈扭曲、仰头呈"观星"姿势，有的单侧或双侧腿麻痹、强直，呈角弓反张。成年鸡多呈隐性感染症状。

3. **病变** 病死鸡肝脏肿大，呈土黄色，表面有红色条纹，带有白色坏死灶；胆囊扩张，胆汁浓缩；心脏褪色，表面有出血点；肌肉充血、出血；肌胃黏膜有出血点或出血斑；卵黄吸收不良，腹腔中有干酪样渗出物；渗出性脑膜炎。

（二）鉴别诊断

诊断时应注意与鸡白痢、禽副伤寒、鸡大肠杆菌病、鸡球虫病、鸡曲霉菌病、鸡新城疫、鸡维生素B1缺乏症相区别。

1. **鸡白痢、禽副伤寒、鸡大肠杆菌病** 都可引起雏鸡下痢和死亡，诊断时容易和本病混淆，但本病常见到阵发性跳跃、向前冲撞或向后退缩、颈扭曲等神经症状，可与其他病鉴别。

2. **鸡盲肠球虫病** 多发生于3 ~ 6周龄的雏鸡，以排出血便为特征，剖检的主要病变在盲肠，可见盲肠膨大、严重出血，其内充满血液或血凝块，可与本病区别。

3. **鸡曲霉菌病** 可使大群雏鸡急性发病死亡。病雏张口喘气，呼吸急促、下痢，剖检主要见肺、气囊壁、胸腹腔有大小不等的黄白色或灰白色结节，可区别于本病。

4. **鸡新城疫** 可致各种年龄的鸡发病，发病率和死亡率均很高，而本病主要引起雏鸡和青年鸡发病，成年鸡则多为隐性感染，发病率和死亡率也相对较低；剖检时鸡新城疫的全身出血性变化更明显，有特征的消化道病变，如腺胃乳头有明显出血点，小肠黏膜出血、溃疡、坏死，盲肠和直肠有条纹状出血，但肝脏无灰白色坏死灶。而本病的肝脏常明显肿大，呈斑驳状，有灰白色坏死灶。

5. **鸡维生素B$_1$缺乏症** 病雏表现多发性神经炎，头向后背极度弯曲，呈现"观星"姿势。通常无下痢症状，剖检可见皮肤发生广泛水肿，无本病的败血症变化。

（三）防治

1. **预防** 预防本病的关键是加强平时的饲养卫生管理，尤其是种蛋管理，对种蛋、孵化器、育雏舍必须进行彻底消毒，鸡舍应定期进行带鸡消毒。

2. **治疗** 鸡群发病后用杀菌元帅、杀菌先锋、杆菌消、肠泰等另加鞣酸蛋白效果极佳。

（1）杆菌消：主要用于肉鸡、肉鸭的感染，用本品100克对水150千克或拌料75千克，连用3～5天。

（2）肠泰：成年鸡400只/袋，青年鸡及雏鸡减半，连用3～5天。

（3）杀菌元帅：用本品100克加入80千克饲料，连用3～5天，预防量减半。

（4）鞣酸蛋白：每瓶拌料10千克，一般只用药一次，重症者次日再用一次。

应注意的是经药物治愈的鸡可成为带菌者，这种鸡不能作种鸡用。

鸡大肠杆菌病

关键技术

诊断： 诊断本病的关键是病鸡临床表现多种多样，以引起的脐炎、气囊炎、输卵管炎、全眼球炎、大肠杆菌肉芽肿、卵黄性腹膜炎、心包炎、肝周炎、肿头综合征、关节炎滑膜炎等病变为特征。

防治： 预防本病的关键是加强饲养卫生管理、药物预防和免疫预防。鸡群发病后用抗菌药物加鞣酸蛋白治疗效果很好。

鸡大肠杆菌病是由不同血清型大肠杆菌所引起的多种类型疾病总称。鸡大肠杆菌具有中等程度的抵抗力，一般能被巴氏消毒法所杀死，常用消毒药在数分钟内即能杀死本菌。

（一）诊断要点

1. 流行特点 大肠杆菌是动物消化道的常在菌，且在鸡场周围环境普遍存在。其血清型众多，但只有一部分具有病原性。当禽类机体受到多种应激因素（如环境污染、疫苗接种、感染病毒或其他细菌性疾病等）刺激而导致防御功能降低时，会诱发大肠杆菌的感染，故临床上大肠杆菌病常常为某些因素的诱发病、并发病或继发病。

本病可侵害各种年龄的鸡，以雏鸡，特别是3～6周龄以内最易感，危害严重。一年四季皆可发生此病，以冬春寒冷季节和霉雨季节多发。该病可通过污染的垫料、尘埃、饮水、饲料等途径而传播，也可通过污染的种蛋垂直传播。

2. 症状 和病变由于鸡龄和感染途径不同，其临床表现有多种。

（1）卵黄囊炎和脐炎：多经种蛋传播，可导致鸡胚和雏鸡的早期死亡。感染的鸡胚常于孵化后期死亡，有的在孵出时或孵出后不久即死亡，死亡一直持续3周左右。死亡鸡胚的卵黄囊内容物呈黄绿色黏稠状、干酪样或黄棕色的水样物。未死出壳者，脐带呈蓝紫色，腹部膨大，脐孔不闭合，周围皮肤呈褐色，有刺激性恶臭。剖检卵黄吸收不全，呈黄绿色或污褐色。存活4天以上的雏鸡常发生心包炎和腹膜炎。孵出后6日龄以内的雏鸡感染率和死亡率高，尤其是2～3日龄内死亡率最高，可达10%～12%，甚至100%。

（2）急性败血症：这是最多见的一种病型，是在严重应激情况下发生的急性全身性感染，可发生于任何年龄的鸡，以4～10周龄的肉鸡多见。被感染的鸡常突然死亡，且营养状况良好，嗉囊内充满食物。剖检尸体有特殊臭味，无明显病变。病程较慢者，病鸡表现为鼻分泌物增多，呼吸困难、发出"咕咕"声，结膜发炎，鸡冠青紫，排黄白色或黄绿色稀便。剖检肝脏肿大、呈绿色，有的肝表面有许多小的白色坏死灶，脾脏明显肿大，心肌充血。

（3）气囊炎：常继发或并发于鸡传染性支气管炎、鸡新城疫、鸡毒支原体病等，多发生于4～12周龄的肉鸡，其中6～9周龄为发病高峰。病鸡咳嗽、呼吸困难，导致发生肺炎、心包炎、肝周炎、输卵管炎等。剖检气囊壁增厚，气囊内有淡黄色干酪样渗出物；肝表面及心外膜有白色纤维蛋白渗出物；有时输卵管内可见到淡黄色干酪样渗出物。死亡率为8%～10%。

（4）卵黄性腹膜炎和输卵管炎：主要发生于成年产蛋鸡和育成鸡。病鸡极少产蛋或不产蛋，肛门周围常粘有蛋白或蛋黄样污物，粪便中混有黏液或黄白色碎块。剖检时腹腔有腥臭味，内脏器官表面覆盖着大量卵黄状物质，使肠管互相粘连；卵泡皱缩变形，呈灰褐色或绿紫色，有的卵泡破裂；输卵管扩张，壁变薄，内有炎性分泌物或干酪样团块。

（5）关节炎滑膜炎：一般是幼雏、中雏大肠杆菌败血症的后遗症，取慢性经过，多散发，病鸡逐渐消瘦，关节周围呈竹节状肥厚，跛行。如病变发生在脊椎胸腹腔段关节腔，则可引起脊椎炎，导致病鸡进行性麻痹和瘫痪。剖检可见关节液混浊，有脓性干酪样渗出物。

（6）全眼球炎：是大肠杆菌败血症恢复时期的一种后遗症，以单侧眼多见，也有呈双侧的。患病侧眼睛肿大突出，眼睑封闭，眼内积有脓液或干酪样物，失明，多数病鸡发病后很快死亡。剖检去除干酪样物，可见眼角膜变成白色，不透明，表面有黄色米粒样坏死灶。

（7）肿头综合征：病鸡头部和眼眶周围肿胀，发生急性或亚急性蜂窝织炎。

（8）大肠杆菌肉芽肿：多发生于产蛋后期的母鸡，在肝、心、盲肠、十二指肠、肠系膜上有典型的肉芽肿，外观与结核结节和马立克氏病的肿瘤结节相似，有时在肺脏上也可以见到肉芽肿。

（9）禽蜂窝织炎：是肉鸡腹部感染后发生的一种慢性皮肤疾病，病鸡在腹部皮下形成黄色、干酪样渗出物。

（10）大肠杆菌性肠炎：病鸡腹泻，肠黏膜出血、溃疡，心、肝及肌肉和皮下组织有出血性变化。

（二）鉴别诊断

本病的症状和病变多样，与其他多种病原微生物引起的症状类似，诊断时主要注意与下列疾病鉴别：

鸡病毒性关节炎、滑液囊支原体病、葡萄球菌病、绿脓杆菌病、鸡白痢、慢性禽霍乱、禽副伤寒均可引起与本病类似的关节炎滑膜炎症状，诊断时应注意鉴别。

鸡慢性呼吸道病和鸡新城疫可引起气囊混浊、壁增厚、附有渗出物等病变，易与本病引起的气囊炎混淆。但单纯的鸡慢性呼吸道病在临床上一般不引起死亡，剖检病变主要在气管、气囊和肺。由大肠杆菌引起的气囊炎除可见到气囊炎的病变外，还有肝周炎和心包炎等病变，但大肠杆菌病与鸡慢性呼吸道病常共同发生，临床诊断时应注意。鸡新城疫的发病率和死亡率均较大肠杆菌病严重，剖检全身败血症变化明显，具有腺胃乳头出血和肠道出血的典型病变，可与后者区别。

鸡白痢、禽霍乱、葡萄球菌病均可在肝表面形成针尖大小散在白色坏死灶，容易与本病混淆，诊断时应注意鉴别。

鸡白痢和结核结节及马立克氏病和淋巴白血病的肿瘤性结节与大肠杆菌肉芽肿在内脏器官形成的肉芽肿性结节相似，诊断时需加注意。

（三）防治

1. 预防

（1）加强饲养卫生消毒工作：加强鸡群的饲养管理，做好平时的消毒卫生工作，尤其是孵化工作的消毒，对孵化室在孵化前后都应进行严格的清扫，并用福尔马林熏蒸消毒，废蛋壳、死胚及死雏要作严格的无害化处理。

（2）药物预防：雏鸡开食时，可用药物混饲或加入饮水中进行药物预防，常用的药物有庆大霉素、壮观霉素、鸡宝20、调痢生、促菌生等，都有一定的效果。

（3）免疫预防：近年来，有些单位从发病鸡场分离出的致病性大肠杆菌，用福尔马林灭活，再添加氢氧化铝后，制成自家菌苗或制成多价油佐剂灭活菌苗，对预防本病取得了一定的效果。用法是：在本病发病高峰期10～15天，每只鸡肌肉或皮下接种0.5毫升，免疫期可达3个月。

2. 治疗 大肠杆菌对多种抗生素（如氨苄青霉素、链霉素、卡那霉素、新霉素、四环素等）、磺胺类和呋喃类药物都敏感，但也很容易产生抗药性，尤其是一些养鸡场和养鸡专业户在养鸡过程中经常在饲料中加抗生素和磺胺类药物，致使大肠杆菌早已对这些药物产生了抗药性，因此有条件的鸡场应作药敏试验。

在使用抗菌药治疗鸡大肠杆菌病时应注意以下几点：

①要尽量从饮水和拌料的药物中各选一种联合使用，这样会大大提高疗效。

②必须要保证药品的质量和使用的剂量，否则即使应用高敏药物也难以取得良好的治疗效果。

③由于大肠杆菌常与某些病原体混合感染，因此，选择对混合感染病原体有效的药物进行治疗，效果更好。

④如果有发病的诱因存在时，应注意消除诱因。

另外，需要特别注意的是，当大肠杆菌病发展到后期，并且已经出现气囊炎、肝周炎、卵黄性腹膜炎等严重病变时，使用抗菌药往往疗效不明显，甚至没有效果。

经临床上多年验证，用杀菌元帅、杀菌先锋、杆菌消、杆菌必治或肠泰等另加鞣酸蛋白治疗本病，效果极佳。

鸡弧菌性肝炎

关键技术

诊断：本病诊断的关键是本病主要发生于开产前后的母鸡，以腹泻、鸡冠苍白萎缩、肝脾肿大及灶性坏死、高发病率、低死亡率和慢性病程为特征。

防治：本病预防的关键是加强综合性的兽医卫生措施。鸡群发病后用抗菌药物加护肝宁治疗。

鸡弧菌性肝炎是由空肠弯杆菌引起的主要发生于开产前后的母鸡的一种细菌性传染病，又称鸡弯杆菌性肝炎。一般该菌对链霉素、双红链霉素、呋喃唑酮等药物敏感。

（一）诊断要点

1. **流行特点**　本病主要发生于开产前后的母鸡，偶见于4周龄以下的雏鸡，主要由病鸡排出的粪便污染饲料和饮水而经口传播，也有垂直传播的可能性。

2. **症状**　本病以缓慢发生和病程长为特征，常见鸡群死亡率增加，产蛋量达不到预期高峰，成年鸡群产蛋量下降25%～35%。病鸡腹泻、精神不振、体重减轻、鸡冠苍白萎缩并带有皮屑。偶尔可见体况良好的鸡急性死亡，死亡可持续数周，鸡群累计死亡率为2%～15%。雏鸡发病后精神不振，羽毛蓬乱，排出带有黏液和血液的稀便。

3. **病变** 肝脏的病变最明显，且有多种情况：①肿大，颜色变淡；②肿大，局部或整个肝上有星状的黄色坏死灶；③肿大、质地脆弱易碎，被膜下有大小不规则的出血性病灶，或被膜下有血囊，或被膜破裂，在肝上附着大的血凝块，腹腔中有血水；④病程长的病例，肝萎缩硬化，可见腹水或心包积液，心肌苍白松弛，有黄色坏死灶。胆囊扩张，胆汁浓稠。肾脏苍白肿大。脾肿大，偶可见黄色梗死灶。卵巢滤泡干瘪退化。

（二）鉴别诊断

诊断时应注意与下列疾病的区别：

1. **鸡包涵体肝炎** 多发生于6～8周龄的鸡，3～9周龄的肉鸡最易感；而鸡弧菌性肝炎多发生于开产前后的母鸡。剖检鸡包涵体肝炎可见肝肿大、褪色，表面凸凹不平，有大小不等的出血斑点，而没有星状黄色坏死灶或血囊等变化。

2. **鸡白血病** 除可见肝肿大有肿瘤结节或均匀肿大外，脾、肾、法氏囊、心、卵巢等器官均可以见到类似病变。而鸡弧菌性肝炎主要见肝、脾肿大，有黄色坏死灶。而心、卵巢等器官无病变。

3. **鸡组织滴虫病（又称为盲肠肝炎或黑头病）** 多发生于8周龄到4月龄的鸡，病变主要在肝脏和盲肠，可见肝脏有特征性的扣状或皿状坏死灶，盲肠扩张、壁薄，内有干酪样肠芯，其他器官无病变。而鸡弧菌性肝炎盲肠无病变。

4. **鸡结核病** 可见肝、脾肿大，表面有灰黄色或灰白色大小不等的结节，肠壁和腹壁上也常有许多大小不一的结节，骨髓中也可见到结节。而鸡弧菌性肝炎最明显的病变在肝脏，肝脏肿大或萎缩，上有典型的星状坏死灶，在肠壁和腹壁及其他器官上不发生结节。

另外，心包积水肝炎综合征（安格拉病）、大肝脾病、肝炎脾肿大综合征等均可引起肝肿大、浆膜下有出血斑或血肿、肝破裂等病变，应注意鉴别。

（三）防治

1. **预防** 本病目前尚无有效的免疫制剂，预防本病主要还是加强综合性的兽医卫生措施。做好鸡舍的清洁卫生、消毒，防止寄生虫病（鸡毛细线虫病、鸡肠道球虫病）和某些传染病（鸡大肠杆菌病、鸡马立克氏病、鸡支原体病等）的发生，在预防上有很重要的意义。另外，还可用药物预防，在饲料中按0.01% ～0.04%量加入金霉素、庆大霉素或土霉素等。

2. **治疗** 用抗菌药等药物治疗的同时加护肝宁，效果很好。

（1）土霉素：按0.02% ～0.10%，混饲。

（2）金霉素：按0.02%，混饲。

（3）磺胺二甲嘧啶：0.1% ～0.2%，混饮，连用3天。

（4）双氢链霉素：每只鸡肌肉注射200～250毫克。

鸡结核病

关键技术 ────────────────────────

诊断：诊断本病的关键是病程缓慢、病鸡生长不良、进行性消瘦、内脏器官形成结核结节为特征，多发生于1年以上的老龄鸡。

防治：预防本病的关键是定期进行结核检疫，建立无结核病鸡群。鸡群一旦发病后无治疗价值。

鸡结核病是由禽型结核杆菌引起的一种进行性、接触性传染病。本菌对外界因素抵抗力较强，在禽舍中的垫料和土壤中可存活4年。

（一）诊断要点

1. **流行特点** 本病多发生于1年以上的老龄鸡。病鸡排出的粪便及被粪便污染的土壤、垫料是重要的传染源，主要通过消化道、呼吸道传播。本病一旦传入鸡场则长期存在，病鸡产蛋下降，最终死亡。

2. **症状** 病鸡生长不良、进行性消瘦，特别是胸部肌肉明显萎缩、胸骨突出、变形。鸡冠、肉髯变薄萎缩，常呈苍白色。关节和骨髓发生结核时，病鸡跛行。发病后期严重腹泻，最终极度虚弱死亡。病程可达数月至一年。

3. **病变** 病变主要见于肝、脾和肠管。肝、脾肿大，表面形成灰黄色或灰白色、大小不等的结核结节。有的病例发生肝和脾破裂。肠管和腹壁上也常有许多大小不一的灰黄色或灰白色结节。骨髓中也可见到结核结节。

（二）鉴别诊断

鸡马立克氏病、鸡白血病和鸡弧菌性肝炎都可致成年蛋鸡生长不良、进行性消瘦和最终死亡，诊断时应注意鉴别。

1. 鸡马立克氏病和鸡白血病　这两种病均为肿瘤性疾病，在肝、脾、肺、心、卵巢、肾等多处形成肿瘤性结节，结节坚实而平滑，切面由表面到中心均呈白色，中心无坏死区。而鸡结核病的病变常见于肝、脾、肠和骨髓，心、卵巢、睾丸和皮肤极少被感染。结核结节切面不均匀，中心有坏死区。

2. 鸡弧菌性肝炎　参见鸡弧菌性肝炎的鉴别诊断。

（三）防治

1. 预防　本病的分布很广，在一些地区的发病率很高，并且又为人、畜、禽共患病，不管是食品卫生部门或是养禽业都迫切要求控制和根除病菌。目前控制和根除本病的关键是建立无结核鸡群，其具体措施如下：

首先，废弃流行过结核病的老鸡场，在新的场地上建立新鸡舍。这是因为，用消毒法很难使被污染的环境变得足够安全。实在无条件换鸡舍的，必须对鸡群进行定期的结核检疫，发现病鸡，立即淘汰，死鸡烧毁或深埋，不能随意乱扔。对鸡舍及一切用具要彻底清洗消毒，淘汰老的设备，病鸡群的蛋不能做种用。鸡群经过6个月以后，再进行第二次检疫，直到检不出阳性鸡时为止。

其次，用无结核病鸡在新的鸡场内建立新鸡群，并用结核杆菌疫苗进行免疫接种。

第三，按时淘汰老龄鸡群，这是因为较老的鸡群容易患结核病。

2. 治疗　鸡发生结核病后，虽然可用链霉素、异烟肼、对氨基水杨酸钠等进行治疗，但终因疗程较长，费用较高，难以根除等而不得不放弃治疗全群淘汰。

鸡坏死性肠炎

关键技术

诊断： 诊断本病的关键是病鸡出现精神食欲不振，以排红褐色乃至黑褐色煤焦油样下痢便为特点。病程极短，常呈急性死亡。剖检小肠麸皮样坏死灶并附有伪膜。

防治：防治本病的关键是加强饲养卫生管理和用抗菌药物进行防治。

鸡坏死性肠炎是由产气荚膜梭菌引起的以排红褐色乃至黑褐色煤焦油样下痢便为特点的一种细菌性传染病。本菌是能产生芽孢的杆菌，在外界环境中抵抗力很强，高压灭菌20分钟才可将芽孢杀死。菌体和芽孢易被氧化消毒剂杀死。

（一）诊断要点

1. **流行特点** 本病多发生于湿度和温度较高的4～9月份，以2～5周龄肉鸡最易感染，尤其是3周龄的肉鸡和5周龄以上的蛋鸡发生较多，平养比笼养多发。以突然发病和急性死亡为特征。

由于各种球虫和蛔虫感染导致的肠黏膜损伤及饲料中小麦或大麦、鱼粉的含量过高等因素均可促使坏死性肠炎的发生。此外，当不合理使用磺胺类药物或抗生素后，使肠道内菌群发生变化时，少数产气荚膜梭菌出现异常繁殖，导致坏死性肠炎发生。

2. **症状** 临床上可见到最急性型、急性型和慢性型三种病型。

（1）最急性型：病鸡见不到症状就突然死亡。

（2）急性型：病情严重的鸡精神食欲不振，羽毛蓬乱，怕冷，拉稀，粪便恶臭，呈红褐色乃至黑褐色煤焦油样，带有血液和黏膜上皮。病程短，常急性死亡。

（3）慢性型：病鸡症状不明显，仅见肛门周围粘污粪便，病鸡的生长发育不良。当发生球虫感染、消化不良、免疫抑制及应激时，则可促使慢性型病鸡出现明显症状。

3. **病变** 最特征的眼观病变在小肠，尤其是空肠和回肠，偶尔盲肠也有病变。小肠壁脆弱易碎，肠管扩张充满气体，为正常肠管的2～3倍。肠壁增厚，呈黑绿色，上有出血斑点。肠黏膜上有弥漫性的麸皮样坏死灶，常附有疏松或致密的黄色或绿色伪膜。有的病例肝和胆肿大，肝表面有界线清晰的灰黄色坏死灶。慢性型病例，剖检可见小肠仅有轻微病变，表现为发炎、轻度充血和出血。

（二）鉴别诊断

诊断本病时主要应注意与鸡溃疡性肠炎和鸡球虫病相区别。

1. 鸡溃疡性肠炎 多见于4～12周龄的鸡，病鸡常拉水样白色粪便，而鸡坏死性肠炎则拉暗紫色带有血液和黏膜的粪便。鸡溃疡性肠炎的特征病变是小肠远端及盲肠上有多处坏死和溃疡病灶，肝脏也有坏死灶。而鸡坏死性肠炎主要病变在空肠和回肠，盲肠和肝脏几乎没有病变。

2. 鸡球虫病 见鸡球虫病的鉴别诊断。

（三）防治

加强饲养卫生管理和饲料中添加各种抗生素是防治本病的关键。常用的抗生素有杆菌肽、土霉素、青霉素、泰乐菌素、林肯霉素等，这些药物饮水或拌料都对本病具有预防和治疗作用。治疗时还可用杀菌元帅、强力洁林或肠炎净等加鞣酸蛋白，效果很好。

1. 杆菌肽幼鸡40～100单位，青年鸡100～200单位。

2. 青霉素混饲或混水，按每雏每次2 000单位计算，1～2小时用完。

3. 链霉素按每雏20 000国际单位。

4. 四环素混水浓度为0.01%。

由于本菌能形成芽孢，因此消毒时注意选择强杀菌力的消毒剂，其中有机氯和碘制剂具有很好的消毒效果。

鸡葡萄球菌病

关键技术

诊断：病鸡有造成体表创伤的因素，如笼网刺伤、剪趾、断喙、刺种疫苗、啄食癖等。皮肤溃烂，临床上有急性败血型、关节炎／滑膜炎型、趾瘤病型、眼型、脐炎型、化脓性骨髓炎型等多种病型。

防治：防治本病的关键是避免皮肤损伤及疫苗接种用具的严格，一旦发生本病后用杆菌消、杆菌必治、杀菌先锋、杀菌元帅等治疗效果很好。

鸡葡萄球菌病是由金黄色葡萄球菌引起鸡的一种条件性传染病。金黄色葡萄球菌的抵抗力极强，对干燥、热、9%氯化钠有相当大的抵抗力。在一般消毒药中，以石炭酸的消毒效果较好。3%～5%石炭酸10～15秒可杀死本菌，0.3%过氧乙酸也有较好的消毒效果。

（一）诊断要点

1. **流行特点** 本病一年四季均可发生，但以雨季和潮湿季节多发，我国北方地区以7～10月份发病最多，主要通过损伤的皮肤黏膜和开张的脐孔（刚出壳的雏鸡）而感染，也可通过直接接触及空气传播。因此，凡能造成体表创伤的因素，如笼网刺伤、剪趾、断喙、刺种疫苗、啄食癖等均为本病的感染提供侵入门户。另外，饲养管理差，如环境污浊、缺乏营养等，均可促进本病的发生和流行。

2. **症状** 各种年龄的鸡均可感染发病，但以40～60日龄的中雏发病最多。临床上常见的有以下几种类型。

（1）急性败血型：病鸡精神不振，双翅下垂，胸腹部、翅下、腿部和肉髯皮肤呈紫黑色浮肿，触摸有明显波动感，随后皮肤破溃，流出紫红色血样液体，患处羽毛易脱落，病鸡在数日内死亡。

（2）关节炎／滑膜炎型：病鸡多处关节肿大，以胫蹠关节和蹠趾关节多见，跛行、患肢不敢着地、单肢跳跃，影响摄食，逐渐衰弱，最后死亡。

（3）趾瘤病型：多发生于肉用种鸡，特别是公鸡。脚部形成大小不等的肿胀疙瘩，状似肿瘤，初期触之有波动感，后期变硬实。病鸡行走困难、跛行。

（4）脐炎型：发生于刚出壳的雏鸡。病雏精神不振，脐带部潮湿，发炎肿胀，腹部膨大，局部水肿，呈蓝紫色，俗称"大肚脐"。病雏一般于2～5天后死亡，很少存活或正常发育。

（5）眼型：发生于急性败血型病例的后期，也可单独出现。常为单侧眼，主要为左眼，患病眼上下眼睑肿胀、结膜红肿、眼睛突出。黏液性分泌物将上下眼睑粘连而导致失明，病鸡最终饥饿而死。

3. **病变**

（1）急性败血型：剖检可见到胸腹部、腿部、翅下和肉髯皮下组织有弥漫性紫红色胶冻液，肌肉有出血斑点。肝脏和脾脏肿大，有散在的白色坏死点。心包液增多，肠黏膜有弥漫性点状出血。

（2）关节炎/滑膜炎型：剖检可见关节内有淡黄色的浆液或干酪样渗出物，腱鞘和滑膜增厚、水肿，软骨糜烂易脱落，脱落后关节面有灰色粗糙的溃疡灶。

（3）趾瘤病型：剖检可见早期形成的趾瘤内有脓液，后期脓液凝固成黄色干酪样。

（4）脐炎型：剖检感染局部皮下有黄褐色液体流出，脐孔不闭合，卵黄囊增大或吸收不良，内积有脓血样物。

（5）眼型：剖检无特殊病变

（二）鉴别诊断

诊断本病时应注意与鸡硒缺乏症、鸡病毒性关节炎、鸡滑液囊支原体感染、鸡大肠杆菌病、慢性禽霍乱等病的区别。

1. **鸡硒缺乏症** 多发生于15～30日龄的雏鸡，病雏腹部皮下渗出物为蓝绿色或蓝紫色，局部羽毛不易脱落；而急性败血性葡萄球菌病多见于35～60日龄的鸡，胸腹部皮下渗出液呈紫黑色，局部羽毛易脱落，据此可初步鉴别。

2. **鸡病毒性关节炎** 临床上也常出现跛行，跗关节不能运动等症状，比较病鸡两侧腿，可见病侧趾屈肌腱和趾伸肌腱明显肿胀或断裂，跗关节腔内常含有少量草黄色或血样渗出物。而本病的关节炎/滑膜炎型病鸡可见多处关节肿大，以胫蹠关节和蹠趾关节多见，没有趾屈肌腱和趾伸肌腱肿胀或断裂的病变。

3. **鸡滑液囊支原体感染** 与关节炎/滑膜炎型相似，病鸡跛行，多处关节肿胀，关节腔和腱鞘内有奶油样或干酪样渗出物，取渗出物制成涂片，染色后镜检，根据是否有革兰氏阳性的葡萄球菌，借此区分两者。或采取平板凝集试验，通过检查病鸡血清中的特异性抗体进行鉴别。

4. **鸡大肠杆菌病** 鸡大肠杆菌病也可导致病鸡发生滑膜炎/关节炎，通过采取渗出物涂片镜检及进行病原菌的分离鉴定，与本病区分。

5. **慢性禽霍乱** 多发生于急性病例的后期，临床上多为16周龄以上的成年鸡发病，常见冠髯肿胀、坏死、脱落，关节发炎肿胀及心包炎等局部感染症状。而由鸡葡萄球菌引起的关节炎病鸡，剖检一般仅见关节炎和滑膜炎病变。

（三）防治

1. 预防

（1）加强饲养卫生管理：如喂全价饲料，增强鸡体的抵抗力。消除鸡笼、网具等的一切尖锐物品，避免皮肤损伤。做好消毒工作，尤其是在断喙、带翅号、剪趾及免疫接种时。做好其他疫病的预防，如适时接种鸡痘疫苗，另外预防早期传染性法氏囊病病毒的感染，有助于防止鸡葡萄球菌病。

（2）疫苗接种：在常发地区，可考虑使用菌苗接种控制本病，国内研制的鸡葡萄球菌多价氢氧化铝灭活苗可有效地预防该病发生。

2. 治疗 用杆菌消、杆菌必治、杀菌先锋、杀菌元帅等治疗效果很好。

（1）杆菌消：主要用于肉鸡、肉鸭的感染，用本品100克对水150千克或拌料75千克，连用3～5天。

（2）杆菌必治：用本品每瓶对水300千克，供成年鸡自由饮用，青年鸡酌情减量。

（3）杀菌元帅：用本品100克加入80千克饲料，连用3～5天，预防量减半。

鸡链球菌病

关键技术

诊断：诊断本病的关键是病鸡排黄绿色稀粪、冠和肉髯苍白或出现神经症状。剖检可见肝脾肿大、纤维性心包炎、心瓣膜炎、肝周炎、腹膜炎、心包积液及腹水等病变。

防治：防治本病的关键是采取综合的防治措施，鸡群发病后，用抗生素隔离治疗发病鸡和其他同群鸡。

鸡链球菌病是由禽源链球菌引起鸡的一种急性或慢性细菌性传染病。链球菌抵抗力较弱，一般的消毒药均可杀灭本病。

（一）诊断要点

1. 流行特点 本病多呈地方性流行，但也常散发。链球菌在世界各地均有发生，导致肠黏膜损伤的一些应激因素可促使链球菌病的发生。鸡群的发病率在5%～40%，死亡率在0.5%～50%不等。

2. **症状** 临床上表现为急性和慢性两种病型。急性型病例表现为精神不振，羽毛粗乱，排黄绿色稀粪，冠和肉髯苍白，产蛋下降和停止。慢性型病例病鸡精神委顿、嗜睡、体重下降、运动失调和头部震颤，有的作圆圈运动，有的跛行，胫骨下关节红肿。临床发病鸡大多死亡。

携带有链球菌或被粪便污染的种蛋，可导致胚胎晚期死亡，不破壳及雏鸡死亡率增高。

3. **病变** 急性败血症病例可见胸腹部皮下组织有血红色积液或黄色胶冻状物；肝和脾肿大，色淡、质脆，表面常有红色出血点或白色坏死点；腹腔和心包内有大量红色或淡黄色积液，多数出现腹膜炎；肾肿大出血；心肌、心冠脂肪和腿内侧肌肉有点状或条纹状出血；部分病例脑膜充血、出血。慢性病例可见纤维素性关节炎或腱鞘炎、纤维素性心包炎、肝周炎、心瓣膜炎及输卵管炎；当发生心瓣膜炎时，心脏肿大、苍白、心肌迟缓，瓣膜上有疣状赘生物；肝和脾发生梗死。

（二）鉴别诊断

诊断本病时应注意与其他败血性疾病，如鸡大肠杆菌病、禽副伤寒、鸡巴氏杆菌病、鸡葡萄球菌病及鸡丹毒等相区别。

（三）防治

1. **预防** 采取综合防治措施，因链球菌在自然界无处不在，多为继发感染发病，所以应对鸡群加强饲养管理和实行严格的卫生防疫消毒制度。同时对鸡群应减少各类应激因素刺激，增强机体免疫功能，对鸡舍环境、食槽、水槽要定期消毒，种蛋入孵前要严格消毒，以减少本病发生。发病鸡要及时隔离，慢性病鸡可作淘汰处理。

2. **治疗** 鸡群一旦发病，对发病鸡隔离治疗，同时对其他同群鸡投药预防。对急性或亚急性感染的鸡可以用青霉素、红霉素、新生霉素、卡那霉素、土霉素、四环素、金霉素、链霉素等药物治疗。青霉素、链霉素可用15 000～20 000国际单位／只饮水，连饮3～5天。土霉素粉，每吨饲料拌入500～800克，连喂3～5天。链球菌感染，早期用药效果很好，随着病程的发展疗效下降。治疗链球菌感染，最好进行多种药物的药敏试验。患细菌性心内膜炎病鸡不能治疗。

鸡绿脓杆菌病

关键技术

　　诊断：诊断本病的关键是病鸡出现膝脓肿、皮下水肿，白色或红色稀便，脑膜水肿增厚。喙端、眼和脚爪结节样坏死等症状。

　　防治：防治本病的关键是采取综合防治措施，鸡群发病后用有效抗生素如新霉素、恩诺杀星等治疗。

　　鸡绿脓杆菌病，又称为铜绿假单胞菌感染，是由铜绿假单胞菌（绿脓杆菌）引起鸡的一种传染病。本菌广泛分布于土壤、水、空气及人和畜禽的肠道、皮肤中，该菌在普通琼脂培养基上能产生水溶性的蓝绿色绿脓菌素和黄绿色的荧光色素，并散发出一种特殊的芳香气味，可用于鉴别本菌。

（一）诊断要点

　　1. 流行特点　　各种年龄的鸡均可感染发病，但主要见于新生雏鸡，引起新孵出雏鸡的死亡率增高。

　　2. 症状　　主要见于新生雏鸡，出壳后5～6日龄的感染雏鸡精神沉郁、食欲废绝、站立不稳、颤抖、运动失调、腹胀，排白色或红色水样粪便，严重污染肛门周围。有的病雏眼睑肿胀，流出浆液性、脓性分泌物，继而结痂、失明，同时可见病鸡的喙端、脚爪、鸡冠甚至背部出现结节样坏死。病鸡失明后因采食困难，最后衰竭死亡。

　　3. 病变　　病雏皮下水肿，并有胶冻样淡绿色渗出液；肝肿胀，呈土黄色或紫红色，表面常有大小不等的出血点和灰白色针尖大的坏死点；脾、肾肿大并有出血斑点；肌肉、肺、心尖和心内膜有出血点或出血斑；有的病鸡关节肿胀，关节液增多。

（二）鉴别诊断

　　诊断本病时应注意与鸡白痢、禽副伤寒、鸡大肠杆菌病、鸡痘、鸡硒缺乏症等病的鉴别。

　　1. 鸡白痢　　发生于2～3周龄以内的雏鸡，2周龄左右为死亡高峰，病雏怕冷扎堆，拉白色糊状粪便，粘附在肛门周围。剖检除可见肝脏肿大出血的病变外，还可见肾小管和输尿管扩张，充满尿酸盐。病程稍长者盲肠内有白色豆腐渣样栓塞，肺和心肌上有灰白色小结节。而本病主要见于5～6日龄内的新生雏鸡，病雏排白色或红色水样粪便，皮下水肿，有胶冻样淡绿色渗出物，病程比鸡白痢短，一般不超过24小时，剖检没有上述鸡白痢的病变。

2. **禽副伤寒** 病雏水样腹泻，剖检常见心包炎和心包粘连而没有本病的皮下水肿，淡绿色胶冻样渗出物。

3. **鸡大肠杆菌病** 由被大肠杆菌污染的种蛋孵出的雏鸡，常在出壳后2～3日龄内发生败血症死亡，腹部膨大，脐孔不闭合，有刺激性恶臭味，卵黄吸收不良。日龄稍大者，剖检常见肝周炎、心包炎、心包积水等典型病变，据此可与本病相区别。

4. **鸡皮肤型鸡痘** 和日龄稍大的雏鸡感染绿脓杆菌时一样，均可在眼睑、喙端、脚爪、鸡冠等处形成结节样结痂，但两者结痂形成的过程不同，并且绿脓杆菌感染常见眼睑肿胀，流出浆液性、脓性分泌物，继而结痂失明，可与鸡痘区别。

5. **鸡硒缺乏症** 也可见病雏腹部皮下有蓝绿色或蓝紫色渗出物，但多发生于15～30日龄的雏鸡，而绿脓杆菌病多发生于刚出壳5～6日龄的雏鸡。剖检时硒缺乏症可见肌肉营养不良、坏死，胸肌和腹肌呈黄色，上有灰白色和黄色条纹状坏死等特征病变，可与绿脓杆菌病相区别。

（三）防治

1. **预防** 采取综合防治措施，尤其是在免疫接种和药物注射时的严格消毒和对种蛋、孵化室、育雏舍的彻底消毒。

2. **治疗** 本病对抗菌药物均敏感，但是很容易产生抗药性，因此，在用药物治疗本病之前最好做药敏试验，选择最有效的抗菌药物治疗。一般临床上多用新霉素、恩诺沙星、庆大霉素、丁胺卡那霉素、菌必治等，饮水中用一种药物，拌料中用另一种药物。

鸡毒支原体感染

关键技术

诊断：诊断本病的关键是病鸡无明显的饮食欲变化，出现呼吸罗音、咳嗽、流鼻涕、气囊病变，成年鸡产蛋量降低，且病程长，特征性症状是当鸡受刺激后头部仰起，左右摇动。火鸡常见窦炎、鼻炎等症状。

防治：预防本病的关键是加强综合防治、控制垂直感染和免疫接种。鸡群发病后用喘定痢停、呼噜甩鼻、鼻炎一日灵或强力洁林等治疗，效果很好。

鸡毒支原体感染由鸡败血支原体引起的鸡和火鸡的呼吸道传染病，在鸡通常称为鸡慢性呼吸道病，在火鸡则称为火鸡传染性窦炎。

（一）诊断要点

1. 流行特点　本病既可水平传播，又可垂直传播，死亡率不高，感染率很高，且常诱发或并发鸡大肠杆菌病、鸡传染性鼻炎、鸡传染性支气管炎、鸡传染性喉气管炎、鸡新城疫、禽流行性感冒等疫病，致使损失加重。

2. 症状　各种年龄的鸡均可感染发病，但以4～8周龄的幼鸡多发，表现为喷嚏、咳嗽、气管罗音、呼吸困难。特征性症状是当鸡受刺激后头部仰起，左右摇动。当有并发症时，病鸡衰弱、呼吸道症状严重，死亡率增加。有的病鸡眼睑和面部肿胀，眼眶内积有干酪样渗出物。成年鸡的产蛋率降低，有的可高达30%。

3. 病变　剖检主要见鼻道、气管、支气管和气囊内有透明或混浊黏稠渗出物，严重者气囊壁明显混浊增厚，上有淡黄色干酪样渗出物。当并发感染大肠杆菌和传染性支气管炎病毒时，可见纤维素性肝周炎、心包炎和气管炎。

（二）鉴别诊断

诊断时应注意同鸡传染性支气管炎、鸡传染性喉气管炎、鸡传染性鼻炎、鸡曲霉菌病等病相区别。

1. 鸡传染性支气管炎　其传播比本病迅速，气管罗音、咳嗽、打喷嚏、喘气等呼吸道症状明显，幼鸡的死亡率较高。成年鸡的蛋品质下降，蛋清稀薄，产畸形蛋、软壳蛋、粗壳蛋和褪色蛋，可区别于本病。

2. 鸡传染性喉气管炎　多见于成年鸡，表现为严重的呼吸困难。张口伸颈、咳出血样黏液，剖检喉头和气管出血，有血样分泌物，病死率高。而本病的呼吸困难的症状较轻微，剖检无上述症状，病死率很低。

3. **鸡传染性鼻炎** 详见鸡传染性鼻炎。

4. **鸡曲霉菌病** 多发生于潮湿、温暖季节，病雏呼吸急促，张口喘气，呈急性群发性，发病率和死亡率都很高。剖检可见肺、气囊壁、胸腹腔上散在有大量的黄白色或灰白色霉菌结节。而本病多发生于冬春寒冷季节，病鸡呼吸困难症状较轻，发病率高，死亡率低。剖检可见鼻道和气管中有卡他性渗出物，气囊壁增厚，上有黏液或干酪样渗出物，在肺、气囊、胸腹腔上无霉菌结节。

（三）防治

1. **预防** 预防本病的关键是在加强综合防治的基础上控制垂直感染和进行免疫预防。

（1）控制垂直感染。

建立无支原体鸡群：用平板凝集试验对鸡群进行检疫并淘汰支原体阳性病鸡，对剩余的阴性鸡口服或肌肉注射1～2个疗程的抗生素，然后再血检，淘汰阳性鸡，再进行投药预防。产蛋后，种蛋需经热蛋法或浸蛋法处理后再孵化，孵出的小鸡继续用药物预防，每月做一次血检，发现阳性鸡的鸡群立即淘汰，保留阴性鸡群，一般经过1～2代的这样严格的处理后都可以建立无支原体的种鸡群。这种方法已广泛应用于生产实际中并收到了明显的效果。

种蛋处理：种鸡产蛋后要及时收集种蛋，并用甲醛蒸气消毒后保存于贮蛋室内，入孵前再进行一次甲醛蒸气消毒，然后再用热蛋法或浸蛋法进行处理。①热蛋法：将种蛋放入孵化器内，使种蛋的温度升到45℃，保持12～14小时后取出种蛋，晾蛋1小时，待种蛋温度降到37℃时转入常规孵化。②浸蛋法：用抗生素浸泡种蛋对消灭支原体感染有良好的效果。常用的药液有0.02%～0.1%的红霉素和螺旋霉素、0.04%～0.16%的泰乐菌素、0.16%～0.6%的四环素和0.5%～1%的链霉素。用法是将入孵的种蛋洗净，预热到37℃，然后立即浸入0～4℃的药液中，15～30分钟后取出晾干，再进行孵化。也可将种蛋放进能密封的容器内，加入药液，将容器密封后抽成真空，然后突然放进空气，则药液吸进蛋内，取出种蛋，晾干后即可孵化。种蛋经热蛋法或浸蛋法处理后，对减少或杜绝支原体感染具有重要的作用，是防治支原体病的一项基本措施。但是，种蛋经处理后，孵化率及出壳的雏鸡活力均受到一定的影响；浸蛋法还会增加某些病毒性、细菌性疾病的扩散机会。

带菌种鸡的处理：由于特殊原因不能淘汰带菌种鸡时，对这些种鸡在开产前和产蛋期用普杀平或链霉素进行肌肉注射，每月1次，同时在饮水中加入红霉素、北里霉素等或在饲料中拌入土霉素等，可减少种蛋带菌。

（2）免疫接种。目前我国主要用油乳剂灭活苗对商品鸡群进行免疫接种。其方法是：对7～15日龄雏鸡颈背皮下注射0.2毫升，成年鸡颈背皮下注射0.5毫升，平均预防效果达80%左右。

（3）药物预防。由于本病可垂直传播，因此，在育雏的早期就应用药物进行预防本病。雏鸡出壳后用红霉素、福乐星、普杀平及其他药物混入饮水中给鸡饮用，连用5～7天。

2. 治疗 鸡群发病后可用下列药物治疗。

（1）喘定痢停：用法用量为100克对水300千克，每日早晚各1次，或拌料150千克，连用3天为一疗程，重症前两天用量加倍，预防量减半。

（2）呼噜甩鼻：用法用量为将本品溶于80～100千克水中，每天2次供鸡自由饮用，其他禽类用法相同，连用3天。本品禁止与杆菌肽锌、金霉素、北里霉素、喹乙醇、青霉素、林肯霉素同用。

（3）鼻炎一日灵：用法用量为将本品100克加入50千克饲料中，连用3天，病重禽群首次量加倍。

（4）泰乐菌素：按0.05%饮水或0.1%混料，或按25毫克／千克体重肌肉注射。

鸡滑液囊支原体感染

关键技术

诊断：诊断本病的关键是病鸡表现滑膜炎、腱鞘炎及滑液囊炎，内积有胶冻状液体或干酪样物质。

防治：防治本病的关键是从无此病的鸡场引进雏鸡是预防本病惟一有效的方法。对发病鸡侧面纵行切开关节部位，清除内容物，然后用抗生素治疗。

鸡滑液囊支原体感染，又名鸡传染性滑膜炎，是由滑液囊支原体引起鸡的一种急性或慢性传染病。

（一）诊断要点

1. **流行特点** 各种年龄的鸡均可感染发病，但多见于4～12周龄处于生长期的鸡和产蛋鸡。本病可经水平和垂直两种方式传播，死亡率虽不高，但可导致幼鸡死淘率增加，影响生长发育，并且本病常常诱发其他疾病的继发感染，使病情加重。

2. **症状** 病鸡典型的症状是鸡冠苍白、跛行及生长迟缓，羽毛粗乱、消瘦、鸡冠萎缩，但仍有食欲，跗关节和爪垫等多处关节肿胀，胸部见有水疱；有的鸡无明显的关节肿胀；排出含有大量尿酸或尿酸盐的绿色粪便；当发生气囊炎时，可见轻度罗音症状；有的感染后，呈隐性经过，不表现临床症状。

3. **病变** 病变早期可见肿胀的关节内有黏稠、黄白色奶油状渗出物。肝、脾肿大，肾常肿大、苍白，呈斑驳状。病的后期，在腱鞘、关节甚至肌肉和气囊内有黄白色干酪样渗出物，关节表面变薄、凹陷。有呼吸症状的病鸡，可见气囊炎病变。

（二）鉴别诊断

诊断时应注意与鸡病毒性关节炎、鸡葡萄球菌病、鸡大肠杆菌病、鸡巴氏杆菌病及鸡沙门氏菌病的鉴别。

1. **鸡病毒性关节炎** 多发生于4～7周龄鸡，比较病鸡两侧腿，病侧趾屈肌腱和趾伸肌腱明显肿胀或断裂，跗关节腔内常含有少量黄色或血样渗出物，但跗关节腔和爪垫一般不出现肿胀。本病则见跗关节和爪垫肿胀，关节和腱鞘内有黏稠黄白色奶油状或干酪样渗出物，没有肌腱肿胀或断裂的病变。

2. **鸡葡萄球菌、鸡大肠杆菌、鸡巴氏杆菌和鸡沙门氏菌等** 均可引起关节发炎、肿大，跛行，诊断时应小心鉴别。

（三）防治

1. **预防** 由于滑液囊支原体主要是经种蛋而垂直传播，因此，从无此病的鸡场引进雏鸡是预防本病惟一有效的方法。可通过浸蛋法或热蛋法处理种蛋，还要建立良好的卫生管理和饲养管理制度。

2. 治疗　对发病鸡侧面纵行切开关节部位，清除内容物，同时用抗生素通过拌料、饮水或注射治疗。注射比饮水更为有效，如果两种给药方法并用，则效果更好。尤其在肉鸡和火鸡中提倡并用法。将饲料中含钙量降低到0.8%，四环素类抗生素的潜在效力约可能增加一倍。

鸡衣原体病

关键技术

诊断：诊断本病的关键是病鸡表现为高热、眼鼻分泌物增多、腹泻、腹部异常膨大、产蛋量下降等。剖检可见纤维素性心包炎、肝周炎、气囊炎和输卵管囊肿等。

防治：防治本病的关键是加强综合防治措施。病鸡用青霉素、四环素、红霉素治疗。

鸡衣原体病，又称为鹦鹉热、鸟疫，是由鹦鹉热衣原体引起的任何畜禽共患的一种传染病。鸡衣原体病主要表现为嗜睡、高热、眼鼻分泌物增多、腹泻、产蛋量下降等，死亡率可达30%。

（一）诊断要点

1. 流行特点　病鸡和带菌者是本病的主要传播源。它们可由粪便、尿排出病原菌，污染外界环境，经消化道、呼吸道或结膜感染，也可通过病鸡与健康鸡交配感染。有人认为厩蝇、蜱可传播本病。

2. 症状　鸡衣原体病的严重程度随鸡的日龄及衣原体株的不同而有很大差异。鸡自然感染后一般症状不明显，有的发生结膜炎，腹部异常膨大，腹泻，产蛋量下降等，死亡率可达30%。

3. 病变　剖检可见纤维素性心包炎、肝周炎、气囊炎和输卵管囊肿等病变，少数幼鸡可发生急性感染而死亡。

（二）鉴别诊断

诊断本病时要注意与鸡巴氏杆菌病和鸡大肠杆菌病相区别。

1. 鸡巴氏杆菌病　鸡巴氏杆菌病主要引起成年鸡发病，急性型病例病程短，病死率高，剖检全身呈败血症变化，心外膜、心冠脂肪、肠浆膜、腹部脂肪等出血，肝脏肿大、质脆，表面有针尖大的坏死点；慢性型病例可见冠髯肿胀、化脓、坏死，化脓性关节炎；而本病一般仅引起幼鸡发病和出现死亡，没有上述变化，成鸡常为隐性和慢性感染，不表现临床症状。

2. **鸡大肠杆菌病**　可引起各种年龄的鸡发病，剖检也可见心包炎、肝周炎，输卵管扩张，积有炎性分泌物或干酪样团块等变化，可取肝、脾、分泌物等病料涂片，染色镜检，如有中等大小的革兰氏阴性杆菌，即可与本病相区别。

（三）防治

1. **预防**　目前对鸡衣原体病无有效预防疫苗，预防本病的关键是加强综合防治措施。

2. **治疗**　发生本病时，可用青霉素、四环素、红霉素、强力霉素等抗生素治疗。将四环素族抗生素混于饲料中，饲料中的含量为1%，连用1～2周。用强力霉素，注射用量为75～100毫克／千克体重，口服用量为8～25毫克／千克体重，每天2次，连用1～1.5个月。

鸡曲霉菌病

关键技术

　　诊断：诊断本病的关键是病雏以呼吸困难，喘气，肺部和气囊发炎及形成小结节为特征。

　　防治：预防本病的关键是加强饲养卫生管理，不喂霉败饲料。鸡群发病后，及时清除病因，同时用制霉菌素、克霉唑治疗。

　　鸡曲霉菌病是由曲霉菌属的各种曲霉菌引起的一类疾病。烟曲霉和黄曲霉是导致曲霉菌病的两种主要病原，广泛分布于腐烂的植物、土壤和饲料中，当鸡群处于环境、免疫接种等应激条件下或营养不良时，即可暴发该病。雏鸡常呈急性群发性，发病率和死亡率都很高，成年鸡多为散发。

（一）诊断要点

1. **流行特点**　本病多发生于1月龄，特别是4～12日龄以内的雏鸡，常呈群发性和急性经过，在潮湿温暖的季节最易流行，因此有人称此病为育雏肺炎。呈现急性流行过程，死亡率高达50%，慢性经过时死亡率不高。成年鸡患病者很少，而且主要是慢性型，如无其他疾病混合感染，死亡率不高。

本病的发生，几乎都与生长霉菌的环境有关系，如因饲料或垫料被曲霉菌污染，或因过度拥挤、通风不良而诱发雏鸡发病。

2. **症状** 病雏呼吸急促，张口喘气，嗜睡，食欲废绝，渴欲增加，体温升高，有时可听到气管罗音；后期腹泻、发绀、消瘦。有的病鸡一侧性眼炎，眼睑肿胀，怕光，常在结膜囊内形成干酪样小凝块，角膜中心溃疡。成鸡感染后常呈慢性经过，表现为产蛋率下降、冠髯变紫或贫血、气喘、下痢。

3. **病变** 整个肺脏呈灰黄色或在肺脏表面散在大量的粟粒大至绿豆大的黄白色或灰白色结节，切开结节有层次结构，中心为干酪样坏死组织。气囊壁增厚，上有结节。此外，胸腹腔、气管、支气管、肠浆膜和肝上也可见到结节或霉菌斑块，中间绿色，边缘白色，表面呈绒毛状。

（二）鉴别诊断

诊断本病时应注意与鸡毒支原体感染和鸡白痢相区别（参见有关章节）。

（三）防治

1. **预防** 预防鸡曲霉菌病的根本措施是不喂发霉饲料，特别是不喂发霉的玉米，存放玉米要注意换仓，新玉米不要一直往上放，使压在下面的旧玉米发生霉变。平时要加强对饲料的保管工作，严防潮湿发霉，如果饲料仓库已被污染，可用福尔马林熏蒸，或用过氧乙酸喷雾。

2. **治疗** 鸡群发生曲霉菌病后，应立即停止饲喂可疑饲料及清除可疑垫料等病因，及时投服硫酸镁等盐类泻剂，以排出肠道毒素，供给充足的青绿饲料和维生素A、维生素C，有缓解作用。同时用制霉菌素或克霉唑等药物治疗，制霉菌素的剂量为每100只雏鸡用50万单位，拌料饲喂，每天2次，连用2~3天。或用克霉唑（三苯甲咪唑），每100只雏鸡用1克，拌料饲喂，连用2~3天。

四、鸡寄生虫病

鸡球虫病

关键技术

诊断：诊断本病的关键是急性球虫病表现为突然排出大量的鲜血便或黏稠血便，慢性球虫病刚开始排水样便，后期排黏液便，一般无血便。不论是急性还是慢性球虫病，剖检时只见肠道有病变，其他脏器见不到任何病变。

防治：预防本病的关键是药物预防和疫苗注射。鸡群发病后立即用球虫王、球安等抗球虫药治疗，同时应用青霉素和维生素A、维生素K，效果更好。

本病病原为鸡球虫，鸡球虫是一类世界性分布的寄生虫，可以说有鸡的地方就有鸡球虫，鸡球虫病的流行给养鸡业造成了巨大的损失。

目前世界上公认的球虫有7种，其中致病作用最强的是柔嫩艾美耳球虫（寄生于盲肠）和毒害艾美耳球虫（寄生于小肠）。卵囊对外界抵抗力相当强，在土壤中能活4~9个月，在有树荫的运动场上可存活15~18个月。常用消毒剂都不能将球虫卵囊杀死，但10%氨水能杀死部分孢子化卵囊。其对高温的抵抗力较弱，饲料槽和饮水器用开水冲洗或阳光下晾晒可将卵囊杀死。

（一）诊断要点

1. 流行特点 各种年龄和品种的鸡均易感，在严重污染的旧垫料上平养的鸡群，5日龄即可出现拉血症状；在霉雨高温季节，15日龄即有发病鸡；在垫料较干爽且有一定管理水平的鸡场，21日龄开始发病；药物控制下的鸡场，鸡群发病日龄与抗球虫药的效果有关，球虫病很少发生于产蛋鸡和种鸡，这是因为它们预先已接触过球虫而产生免疫力，在较少情况下，某一群鸡可能没有接触过某一种球虫，或因为其他疾病而丧失了免疫力，结果在产蛋期对该种球虫也仍然敏感。

病鸡和带虫鸡是本病的传染源，病原为鸡球虫卵囊，卵囊随鸡粪排出体外，刚随鸡粪排出的新鲜卵囊，内含有一团球形的原生质球，卵囊呈无色或黄色，圆形或椭圆形，卵囊壁有两层轮廓。卵囊在外界合适的条件下开始发育，最终形成孢子化卵囊，内含有4个孢子囊，每个孢子囊内有2个子孢子，此时的卵囊为感染性卵囊，只有鸡吃了感染性卵囊才被感染。

2. 症状

（1）急性盲肠球虫病：多发生于3～6周龄的雏鸡，感染后有4天的潜伏期，从第4天末到第5天，雏鸡突然排泄大量的鲜血便，呈明显贫血。多数于排血便后1～2天死亡。如果不发生死亡，尚存活的雏鸡，如管理良好即转向康复。

（2）急性小肠球虫病：潜伏期4～5天。然后突然排出大量的黏稠血便，严重感染病例在发病后1～2天死亡。临床症状与急性盲肠球虫病相同，病初呈现一般症状，后期由于自体中毒而呈现共济失调、两翅下垂、麻痹、痉挛等神经症状。即使在发病几天内存活的鸡，也不能很快康复。病鸡表现衰弱，多数因并发细菌或病毒性传染病而死亡。自然发病多见于育雏后期及青年鸡，有时成年产蛋鸡也大群发病，从而遭受很大损失。

（3）慢性球虫病：症状比较轻，主要症状是刚开始排水样便，有时稀便中混有未消化的饲料，后期为黏液便，粪便呈细长条有黏性，一般情况下无血便。

一般轻度和中度感染的慢性球虫病和急性球虫病，多数雏鸡是数日连续排出黏液便，即通常的肉样便的症状。但完全看不到如同患其他疫病时所排出的绿便，如在球虫重感染时排出大量的绿便，则怀疑有其他病原体的感染，需进行必要的检疫。

3. 病变 各种球虫病的病理变化特点如下。

（1）急性盲肠球虫病：盲肠肿胀并充满大量血液或血凝块、乳酪状血染的渗出物。此外，遭受极严重感染时，直肠可见灰白色环状坏死灶。

（2）急性小肠球虫病：剖检急死病例时，可见小肠黏膜有无数粟粒大小出血斑与灰白色坏死灶，小肠大量出血并滞留干酪样坏死物。最显著的病变在小肠中段。本病的最大特征是与正常肠道相比，小肠的长度约缩短一半，而体积增大两倍以上。盲肠内经常见到血液充盈，但这并非盲肠出血，而是小肠出血被带到盲肠的结果。尽管小肠的病变极为显著，但在其他脏器几乎看不到病变，只是因贫血而颜色变淡。

（3）慢性球虫病：小肠肿胀，有很多点线样或环状的灰白色坏死灶，或直肠和盲肠发炎。由不同种类球虫感染引起的球虫病，其主要病变肠段有所不同。

（二）鉴别诊断

1. 鸡蛔虫病 症状与慢性球虫病极其相似，能见到大量的黏液便与下痢。不到一月龄的病鸡，由于剖检时在肠管内见不到蛔虫成虫和可见的幼虫，所以看到蛔虫卵囊可能会误诊为鸡球虫病。诊断幼虫期蛔虫病，方法是从十二指肠小肠中部炎症明显的部分，切取数段3厘米长的肠管，然后再纵向剪开，除去内容物，移至中号平皿中，用手术刀背将黏膜刮出，再注入40℃左右的温水，放置0.5小时后，将平皿放在黑纸上，从上面通过灯光进行检查，即可看到0.5～2毫米的蛔虫幼虫在水中活泼游动。

2. 鸡黑头病 黑头病与急性盲肠球虫病的临床表现很相似，仅凭临床症状不易区别这两种疾病，且二者引起的盲肠病变也极为相似，但火鸡组织滴虫引起的盲肠出血常为一侧，柔嫩艾美耳球虫为两侧。另外，盲肠内的干酪样物质，以黑头病为最显著。最明显的差别是：①患黑头病时有明显的腹膜炎，与盲肠及小肠粘连，腹下混浊；②黑头病鸡肝脏有特征性的坏死灶。通过这些剖检特征可将二者区别出来。

3. 鸡沙门氏菌病 是沙门氏菌属中的任何一个或多个种所引起禽类的一类急性或慢性疾病。本病可有小肠出血性炎症，盲肠膨大，内含有黄白色干酪样物质栓塞。其肠道病变可能时常与盲肠球虫病相混淆，但沙门氏菌感染，肉眼病变并不局限于小肠和盲肠，也有肝、脾肿大，肝脏的局灶性坏死，心脏和肌胃的肌肉变性。

4. 鸡溃疡性肠炎　排白色水样稀粪是本病的特征性症状，严重时粪便带血。患溃疡性肠炎的病鸡在症状上与球虫病相似，但球虫病在使用磺胺类药物后疗效明显，而磺胺药对溃疡性肠炎无效，此外，球虫病病鸡也不会有溃疡性肠炎那样的典型的肠黏膜溃疡病灶，也不会见到肝脏等实质性脏器的病变。在某些情况下，这两种病原体常混合感染，病情复杂，需采取综合性的防治措施。

5. 鸡坏死性肠炎　病变主要局限于小肠，尤其是空肠和回肠，肠黏膜上附有疏松或致密的伪膜，伪膜外观呈黄色或绿色。特征的组织学病变是肠黏膜的严重坏死。坏死的黏膜表面吸附有多量纤维素，其中混有细胞碎屑。剖检刚死亡的坏死性肠炎病鸡时，气味特别臭。在大多数情况下，球虫病与坏死性肠炎常混合感染，此时需采用综合性治疗措施。

6. 鸡大肠杆菌病　大肠杆菌病引起的出血性肠炎，多发于10周龄到7月龄鸡，病鸡以小肠充血、出血性肠炎为主要特征，同时皮下、肌肉、心肌、肝脏、胸腺等处均有出血性病变，肠道黏膜除有大量的出血性病变外，还出现溃疡。发生出血性肠炎时死亡率很高。虽然该病易与球虫病混淆，但球虫病的病变局限于肠道。

（三）防治

1. 预防　由于卵囊对普通的消毒药有极强的抵抗力，在生产上也无法对鸡舍进行彻底的消毒，再者无卵囊的环境对平养鸡不能较早地建立免疫力，因此，采用环境卫生和消毒措施并不能控制球虫病。而药物防治对于控制球虫病的暴发和流行，减少养鸡业的经济损失起了十分重要的作用，有人认为"鸡场使用抗球虫药进行球虫病预防是一种化学保险"。除药物预防外，还可用球虫疫苗预防本病。

（1）化学药物预防：对雏鸡群，尤其是肉用雏鸡，到了易感日龄（2周龄以后）或流行季节（雨季）就应该毫不犹豫地将预防剂量的药物拌入饲料中或混入饮水中连续给药，使之成为雏鸡不可缺少的药物添加剂，才能有效的预防本病。药物大致分为两大类：一类是聚醚类离子载体抗生素：如莫能菌素、盐霉素、拉沙霉素、那拉霉素、马杜拉霉素和山度拉霉素等。另一类是化学合成的抗球虫药：如磺胺类药物、球痢灵、喹啉类、氯苯胍、抗硫胺素类和增效剂类（二甲氧苄胺嘧啶、乙胺嘧啶）等。

使用抗球虫药时一定要注意耐药性问题，球虫很容易产生耐药性，因此不能长时间用同一种药。

（2）免疫预防：国外已有卵囊混悬液的疫苗出售，即在3日龄雏鸡饲料或饮水中添加4～7种精确计量的活卵囊，使鸡群轻度感染而产生免疫力，以后再借助球虫的正常生活周期以增强免疫力。目前国内有不少学者进行了鸡胚传代和早、中、晚熟选育技术培育出了多种鸡球虫的致弱虫疫苗，但都未进入大范围实地使用阶段。

2. 治疗 尽管饲料中预防性地添加抗球虫药已作为养鸡生产必不可少的用药程序，然而，可能是球虫对所添加的药物产生耐药性或其他原因造成药物失效，目前养鸡生产中球虫病还是经常发生，导致鸡大批死亡，造成严重损失。因此，发生球虫病时应及时确诊，及早进行药物治疗。

由于鸡发生球虫病时，通常食欲减退，甚至废绝，通过混料给药难以使鸡摄入足够的药量，造成疗效不佳。但是，球虫病病鸡的饮欲正常，甚至增加，因而通过饮水给药可使病鸡获得足够的药物剂量，而且混水给药比混饲更方便，治疗性用药宜提倡混水给药。如球虫王，将100克加入75千克水中供鸡自由饮用，每日2次，连用3天。球安，将100克加入300千克水中供鸡自由饮用，预防量减半。用抗球虫药治疗的同时，配合用青霉素效果更好，每天口服2万单位，连用3天。另外，在饲料中增加维生素A和维生素K的量，可加速球虫病的康复。

鸡黑头病

关键技术

诊断： 诊断本病的关键是病鸡盲肠发炎、溃疡和肝脏具有特征性的坏死病灶，粪便呈硫磺样，病鸡头部皮肤变暗蓝紫色。

防治： 预防本病的关键是加强饲养卫生管理和定期驱除鸡体内的异刺线虫，鸡群发病后用灭滴灵治疗。

鸡组织滴虫病又称鸡黑头病或盲肠肝炎，是由火鸡组织滴虫寄生于鸡的肝脏和盲肠所引起的一种寄生虫病。本病病原体是火鸡组织滴虫，寄生于鸡的盲肠和肝脏，可随肠内容物排出体外。本病原体对外界抵抗力很弱，在外界很快死亡。但如鸡体内有异刺线虫寄生时，病原体可被异刺线虫食入体内，最后转入其卵内，随鸡的粪便排出体外。几乎所有的异刺线虫卵内都带有这种原虫，在外界，由于火鸡组织滴虫有异刺线虫虫卵的保护，故能较长时间地生存，本病主要靠此种方式传播发病。

（一）诊断要点

1. **流行特点** 雏鸡易感性强，主要感染4~6周龄的雏鸡，而成年鸡多为隐性感染，能够传播和携带病原。

本病通过消化道感染，主要发生于温暖潮湿季节。卫生管理条件差：鸡舍过于拥挤、通风不良、光线不足、饲料质量差、维生素缺乏等因素，都可诱发本病的流行。

2. **症状** 本病潜伏期为7~12天，病鸡除表现出一般症状外，还有下痢，粪便淡黄色或淡绿色，有时带血。病鸡头部皮肤变暗蓝紫色，故称黑头病。

3. **病变** 病变主要在盲肠和肝脏。剖检见一侧或两侧盲肠肿胀、肠壁肥厚，内有干酪状的盲肠肠芯，间或盲肠穿孔。肝脏出现黄绿色圆形坏死灶，直径可达1厘米，在肝表面者，明显易见，可单独存在，亦可相互融合成片状。坏死灶中心凹陷，呈淡绿色。

根据流行病学及病理变化，特别是肝脏具有较大的特征性病变，再结合观察盲肠病变就可确诊。

（二）鉴别诊断

鸡黑头病与急性盲肠球虫病的临床表现极为相似，二者的鉴别诊断见鸡球虫病的鉴别诊断中的鸡黑头病。

（三）防治

1. **预防** 由于本病的主要传播方式是通过鸡异刺线虫卵进行，所以定期驱除鸡体内的异刺线虫是预防本病的关键。此外，还应加强饲养管理，搞好环境卫生，保持鸡舍的干燥、清洁、通风和光照良好。鸡群不能过于拥挤，饲料的营养要平衡。在同一个饲养场，不能既养火鸡，又养其他鸡，其他鸡和火鸡必须分场饲养。

2. 治疗 用于防治本病的药物有二种：即砷制剂和硝基咪唑类。砷制剂对本病有预防作用，但治疗作用不强。硝基咪唑类对本病有很强的预防和治疗作用。

（1）灭滴灵（甲硝哒唑）：预防按0.02%混入饲料投服，每日3次，3天为1疗程，停药3天后，开始下一个疗程，连用5个疗程。治疗按0.05%混饲，首量加倍，连喂5~7天对少食或拒食病鸡可灌服悬浮液（1.25%），每只1毫升，每日3次。

（2）卡巴肿（对–脲基苯砷酸）：按0.018 75%混料用于预防。

鸡白冠病

关键技术

诊断： 本病诊断的关键是病鸡严重贫血，鸡冠和肉髯苍白，粪便呈绿色，严重者咯血。剖检见全身性出血，胸肌、腿肌、心肌及肝脾等器官上有灰白色或稍带黄色的、针尖大至粟粒大与周围组织有明显分界的小结节。

防治： 本病预防的关键是给鸡舍安装纱门和纱窗，定期用灭虫剂杀灭鸡舍内外的飞虫，在发病季节用药物预防。鸡群发病后，立即用白冠红等药物治疗。

鸡住白细胞虫病是由鸡住白细胞虫寄生于鸡的白细胞（主要是单核细胞）、红细胞内和内脏器官所引起的一种血孢子虫病。病鸡严重贫血，鸡冠和肉髯苍白，故又称鸡白冠病。本病的病原是鸡卡氏住白细胞虫和沙氏住白细胞虫，其传播者分别是蠓和蚋。因此，消灭鸡舍内外的蠓和蚋是预防本病的关键。

（一）诊断要点

1. 流行特点 此病对成、童鸡危害严重，症状严重，发病率高，能引起大批死亡。

本病的流行与蠓的活动密切相关，在热带、亚热带地区常年都可以发生。我国的华南地区多发生在4～10月份，而发病高峰期是4～6月份，华北地区发生在6～10月份，高峰期在7～9月份。

2. **症状** 自然潜伏期为6～10天。雏鸡和童鸡的症状明显。病鸡下痢，粪呈绿色。贫血，鸡冠和肉髯苍白，病程一般约为数日，严重者死亡，尤其雏鸡感染严重者会突然咯血，呼吸困难而发生死亡。

3. **病变** 死后剖检见全身消瘦；血液稀薄，高度贫血；全身性出血（全身皮下出血，肌肉尤其是胸肌、腿肌、心肌有大小不等的出血点，各内脏器官肿大出血，尤其是肾、肺出血最严重）；白色裂殖体小结节（胸肌、腿肌、心肌及肝脾等器官上有灰白色或稍带黄色的、针尖大至粟粒大与周围组织有明显分界的小结节）。将这些小结节挑出、压片、姬姆萨染色、镜检可见到许多裂殖子散出，裂殖子呈红色的小圆点。

依据发病季节，临床症状及剖检特征可做出诊断。

（二）防治

1. **预防** 消灭蠓和蚋是预防本病的重要一环。在蠓和蚋出没季节，鸡舍一定要安装纱门和纱窗，定期用杀虫药喷洒鸡舍内外。流行季节用药物预防。

2. **治疗** 鸡群发病之后，立即用下列药物治疗，用药越早越好。

（1）白冠红：将本品100克拌料100千克，连用3～5天。

（2）血虫净（三氮咪、贝尼尔）：按0.01%混入水中，让鸡自由饮用，每日1次，连用3～5天。

（3）磺胺间二甲氧嘧啶：治疗用0.05%饮水2天，然后再用0.03%饮水2天；预防用0.025%混于饲料或饮水。

（4）乙氨嘧啶（息疟宁）：预防用按百万分之一比例混于饲料中。治疗用按百万分之四的比例配合0.004%磺胺间二甲氧嘧啶，混于饲料中连续服用1周后改用预防量。

鸡隐孢子虫病

关键技术

诊断：诊断本病的关键是病鸡出现严重腹泻或剧烈的呼吸道症状，用任何药物治疗均无效。无特异的剖检病变。

防治：目前本病无治疗药物，因此本病关键靠预防。

鸡隐孢子虫病是一种世界性的人畜共患病，它能引起鸡严重腹泻或剧烈的呼吸道症状。本病是一种严重的公共卫生问题引起的病，同时给畜牧业生产也造成了巨大的经济损失。寄生于家禽的隐孢子虫有2种：即贝氏隐孢子虫（寄生于禽类的法氏囊、泄殖腔和呼吸道）和火鸡隐孢子虫（寄生于禽类肠道）。隐孢子虫卵囊随鸡的呼吸道和粪便排出体外，其对外界环境有很强的抵抗力。在潮湿的环境下能存活数月，对常用的消毒剂抵抗力也相当强，只有50%以上的氨水和30%以上的福尔马林作用30分钟才能杀死隐孢子虫卵囊。目前，使用蒸气清洁可能是较为有效和较安全的消毒方法，因为65℃以上的温度可杀死隐孢子虫卵囊。

（一）诊断要点

1. **流行特点**　家禽隐孢子虫病以鸡、火鸡和鹌鹑的发病最为严重。病鸡和带虫鸡是本病的主要传染源，经消化道或呼吸道感染。

2. **症状**　和病变主要是贝氏隐孢子虫引起的，潜伏期为3～5天。其主要症状是呼吸困难、咳嗽、打喷嚏、有罗音。病禽饮、食欲锐减或废绝，体重减轻并有死亡。病理组织学变化主要表现在上皮细胞微绒毛肿胀，萎缩性变性和炎性渗出。隐性感染时，虫体多局限于泄殖腔和法氏囊。火鸡隐孢子虫寄生于肠道，其主要症状是腹泻，不引起呼吸道症状。

（二）防治

现有的抗生素、磺胺类药物及抗球虫药对本病均无效，因此，目前只能从加强卫生措施和提高免疫力来控制本病的发生。因大多数消毒药都不能杀死隐孢子虫卵囊。因此只能用蒸气消毒的方法杀死此卵囊。

鸡蛔虫病

关键技术

诊断：本病诊断的关键是腹泻、消瘦、精神沉郁、生长迟缓和产蛋量降低，粪便中或剖检肠道内有大量圆柱状黄白色虫体。

防治：本病预防的关键是加强饲养卫生管理和定期预防性驱虫。鸡群发病后应立即投服丙硫咪唑等驱虫药。

鸡蛔虫病是鸡体内的一种大型寄生虫病。其分布遍及全国各地，是一种常见的寄生虫病。在地面大群饲养情况下，常感染严重，影响雏鸡的生长发育，甚至引起大批死亡，造成严重损失。本病病原是鸡蛔虫，寄生于鸡的小肠，雄虫长26～70毫米，雌虫长65～110毫米，是鸡消化道中最大的线虫。

鸡蛔虫卵随鸡的粪便排到外界。鸡蛔虫卵对外界环境因素和常用消毒药抵抗力很强，但对干燥和高温（50℃以上）敏感，特别是阳光直射、沸水处理和粪便堆沤等情况下，可使之迅速死亡。在隐蔽潮湿的地方，可生存很长时间。鸡蛔虫卵在外界适宜的条件下发育成感染性虫卵，鸡食入了此虫卵而感染，在鸡体内经35～50天发育成成虫，成虫产出的虫卵随鸡粪便排出体外。

（一）诊断要点

1. 流行特点 3～4月龄的雏鸡最容易遭受此虫的侵害，病情较重。一岁以上的鸡多为带虫者。饲养管理与易感性有关系。饲料中含动物蛋白、维生素A和维生素B等丰富，营养价值高时，可使鸡有较强的抵抗力。

病鸡和带虫鸡是感染源，鸡自然感染主要是由于吞食了感染性虫卵，但也可因啄食携带感染性虫卵的蚯蚓而感染。

2. 症状 鸡蛔虫对雏鸡的影响很大，大量幼虫进入十二指肠黏膜时，可引起急性出血性肠炎，常见的慢性症状为消瘦、精神沉郁、生长迟缓和产蛋量降低等；有时可造成肠阻塞。特别是当雏鸡缺乏维生素A和B时，感染和发病就更为严重。

3. 病变 剖检可见肠黏膜出血和发炎，有时在肠壁上可见到颗粒状化脓灶或结节。感染蛔虫一个月以上的病重鸡，可见成虫大量聚集、相互缠结，可能发生肠阻塞，甚至引起肠破裂和腹膜炎。不到一个月的病鸡，剖检时可能见不到成虫和可见的幼虫；此时可切取肠管，刮取肠黏膜来检查幼虫，具体方法见鸡球虫病的鉴别诊断中的鸡蛔虫病。

病原检查时可用饱和盐水漂浮法检查虫卵，如果发现大量的虫卵或剖检时在肠管内见到大量的虫体即可确诊。虫卵呈椭圆形，灰褐色，卵壳表面光滑，内有一个受精卵。对于幼虫期的蛔虫病诊断，因其粪便中无虫卵，其临床症状又与慢性球虫病极相似，此时诊断可剖检病死鸡，采取肠壁刮取黏液的方法检查幼虫，具体方法见鸡球虫病的鉴别诊断中的鸡蛔虫病。

（二）鉴别诊断

诊断时应与鸡球虫病相区别，见鸡球虫病的鉴别诊断。

（三）防治

1. **预防** ①定期预防性驱虫：在蛔虫病流行的鸡场，每年进行2～3次驱虫。雏鸡在2月龄左右进行第1次驱虫，在4月龄时进行第2次。成年鸡第1次在10～11月份，第2次在春季进行。对患病鸡随时进行治疗性驱虫。②雏鸡与成年鸡应分群饲养，不共用运动场，因成年鸡多是带虫者，是传染源。③鸡舍和运动场上的粪便应逐日清除，集中进行生物热发酵。饲槽和饮水器应每隔1～2周用沸水消毒。④加强饲养管理。

2. **治疗** 鸡群发生本病后应立即用下列药治疗。

（1）左旋咪唑：按25毫克／千克体重，饮水或拌料给药，驱虫效果可达100%。

（2）丙硫咪唑（抗蠕敏）：按50毫克／千克体重，拌料，对成虫的有效率达98.8%，对未成熟虫体的有效率达98.2%。

（3）甲苯咪唑：按30毫克／千克体重，一次内服，对成虫驱除率为100%。按100毫克／千克体重，对未成熟虫体的疗效接近100%。

（4）氟甲苯咪唑（氟苯哒唑）：以0.003%拌入饲料，连续喂7天。

鸡绦虫病

关键技术

诊断：诊断本病的关键是严重感染时，病鸡消化障碍，粪便稀薄或混有血样黏液，高度衰弱，消瘦，甚至出现贫血，表现鸡冠和黏膜苍白。在鸡粪中可找到白色、小米粒样的孕卵节片。剖检在小肠见到大量扁平带状虫体。

防治：预防本病的关键是除鸡舍内外应定期杀灭昆虫外，其他措施同鸡蛔虫病。

鸡绦虫病是寄生于鸡肠道中的绦虫，种类很多，可达40余种，其中最常见的是赖利绦虫和戴文绦虫，均寄生于小肠（主要是十二指肠）。鸡赖利绦虫有三种，最大25厘米，最小4厘米。戴文绦虫较小，仅有0.5～3.0毫米。绦虫虫体分节，不同种的绦虫节片数不同，绦虫成虫的孕卵节片不断地脱落而随鸡的粪便排出体外。

（一）诊断要点

1. **流行特点**　鸡绦虫的发育都需有中间宿主的参加才能完成，不同种类的绦虫，其中间宿主不同，但都是低等动物，如蚂蚁、蝇类、甲虫、陆地螺等。鸡绦虫卵被中间宿主吞食后发育成似囊尾蚴，当鸡吞食了含似囊尾蚴的中间宿主而受感染。

2. **症状**　轻度感染时，症状不明显。严重感染时，病鸡消化障碍，粪便稀薄或混有血样黏液，高度衰弱，消瘦，甚至出现贫血，表现鸡冠和黏膜苍白。由于虫体的代谢产物被鸡体吸收，还会出现神经症状，如腿麻痹。蛋鸡产蛋量下降，雏鸡发育受阻或停止，可继发其他疾病而死亡。

3. **病变**　肠黏膜上可见到结节和炎症，并且可见到绦虫虫体，尤其是赖利绦虫，由于虫体比较大，大量感染时虫体聚集成团，导致肠阻塞，甚至肠破裂而引起腹膜炎。

根据鸡群的临床表现，再结合剖检重病鸡，在肠道内发现大量的虫体或在鸡粪中找到白色、小米粒样的孕卵节片就可确诊。

（二）防治

1. **预防**　因鸡绦虫的发育必须有中间宿主的参与才能完成，本病的预防措施除了鸡蛔虫病的防治措施外，还应对鸡舍定期进行舍内外的灭虫灭蝇工作。

2. **治疗**

（1）灭绦灵（氯硝柳胺）：按100～150毫克／千克体重，混入饲料中喂服。

（2）吡喹酮：按10~20毫克／千克体重，混入饲料中喂服。

（3）硫双二氯酚（别丁）：按150~200毫克／千克体重，混入饲料中喂服，4天后再服1次。

（4）丙硫咪唑（抗蠕敏）：按20毫克／千克体重，混入饲料中喂服。

鸡羽虱

关键技术

诊断：诊断本病的关键是病鸡羽毛断折，消瘦，产卵减少。在鸡的体表或羽毛上或绒毛上能发现虫体。

防治：防治本病的关键是保持鸡舍清洁卫生，定期用药物喷洒和药浴或熏蒸。

鸡羽虱属于一种永久性的外寄生虫，这一类寄生虫数量很大，共有40余种，其共同特征是体形小，长1~2毫米，无翅，由头、胸、腹三部分组成，头部一般较胸部宽，上有一对触角，口器为咀嚼式，有三对足。

（一）诊断要点

1. **流行特点** 这类寄生虫寄生于鸡的体表或附于羽毛上或绒毛上。可通过直接或间接接触传播，一年四季均可发生，但冬季较为严重。

2. **症状** 和病变羽虱以家禽的羽毛和皮屑为食，有时也吞食皮肤损伤部位的血液。鸡羽虱繁殖很快，使鸡发生奇痒不安，因啄痒而伤及皮肉。若寄生数量多时，病鸡消瘦，羽毛脱落，生长发育阻滞，产蛋量下降，皮肤上有损伤，有时皮下可见有出血块，在鸡体表发现大量虫体。本病对雏鸡危害极大，严重者可引起死亡。

（二）防治

1. 饲养管理平时加强鸡舍的饲养卫生管理，保持鸡舍清洁干燥。

2. 药物喷洒和药浴0.001 3%溴氰菊酯或0.002%杀灭菊酯直接向鸡体喷洒或药浴。对鸡舍、笼具亦应喷洒消毒。鸡场的运动场内建一方形浅池，在每50千克细沙内加入硫黄粉5千克，充分混匀，铺成10~20厘米厚度，让鸡自行沙浴。

3．药物熏蒸以含40%烟草碱的烟叶浸汁，涂刷鸡舍栖木，用量为每50米用400克。密闭鸡舍时，仅密闭一部分以免蒸发太强。全部的鸡都应在经过这样处理的鸡舍内宿居两夜。由于鸡的体温使烟草碱蒸发，杀死所有的羽虱。为了根治，应在第一次治疗后的10天内再治疗1次。

鸡皮刺螨病

关键技术

诊断：诊断本病的关键是病鸡消瘦、贫血、羽毛脱落，在鸡的体表发现虫体。

防治：保持鸡舍清洁卫生，定期用药物喷洒和药浴或熏蒸。

鸡皮刺螨是一种常见的外寄生虫，危害性很大。虫体呈椭圆形，有四对足，均长在躯体的前半部。吸饱血后体长可达1.5毫米，呈暗红色。螯肢一对，细长如针，以此刺破皮肤吸取血液，吸饱血后虫体由灰白色转为红色。

（一）诊断要点

1．**流行特点**　鸡皮刺螨通常在夜间爬到鸡体上吸血，白天隐匿在鸡巢中。雌螨吸饱血后产卵于鸡体周围或鸡舍的墙缝内。

2．**症状**　当虫体大量寄生时，病鸡可出现贫血、消瘦、产蛋下降。幼鸡由于失血过多，可导致死亡。此虫还可传播禽霍乱和鸡螺旋体病。肉眼检查在鸡体表可发现大量虫体。

（二）防治

可用杀虫药喷洒鸡舍、栖架，更换垫草并烧毁。具体方法参阅鸡羽虱的防治。

五、鸡营养代谢病

鸡维生素A缺乏症

关键技术

诊断： 诊断本病的关键是病鸡以分泌上皮角质化和角膜、结膜、气管、食道黏膜角质化以及干眼病等为特征。病幼鸡出现明显的眼部典型症状，成鸡易患其他疾病。

防治： 防治本病的关键是注意饲料配合，日粮中多补充富含维生素A或胡萝卜素的饲料。

鸡维生素A缺乏症是由于维生素A长期摄入不足或吸收障碍所引起的一种慢性营养缺乏病。

（一）诊断要点

1. 症状 轻度缺乏维生素A，鸡的生长、产蛋、种蛋孵化率及抗病力均受到一定影响，往往不被察觉；严重缺乏，才出现明显的典型症状。

（1）雏鸡：一般在3～6周龄出现症状，表现精神不振，发育停滞，消瘦；喙和小腿部的黄色变淡，步态不稳；当捕捉或给予刺激时则头颈扭转或作后退运动；病情严重时，出现特征性症状：眼皮肿胀，流泪，上下眼皮粘合睁不开，用镊子轻轻拨开，可见眼皮下蓄积黄豆大的黄白色干酪样物质（可完整地挑出），眼球凹陷，角膜浑浊成灰白色云雾状，眼失明或半失明，最后因衰弱或看不见采食而死亡。

（2）成年鸡：多在2～3个月内出现症状，起初产蛋量下降，种蛋受精率和孵化率降低，抗病力减弱，呈现一种精神不振、鸡冠和腿脚不黄、羽毛不鲜、杂病不断的衰弱状态，最后出现眼部病变。

（3）青年鸡：缺乏维生素A时，球虫病、蛔虫病往往非常地严重。

（4）种蛋：孵化初期死胚较多或胚胎发育不良，出壳后体质较弱，眼球干燥，分泌物增多，肾脏、输尿管及其他脏器常有尿酸盐沉积。

2. **病变** 口腔、咽部及食道黏膜上出现许多灰白色小结节，有时融合成片，成为假膜。气管上皮角化脱落，黏膜表面覆有易剥离的白色膜状物。肾脏肿大，颜色变淡，表面有灰白色网状花纹，肾小管及输尿管内有白色尿酸盐沉积，重者其他脏器表面也有白霜样尿酸盐沉积。

（二）鉴别诊断

诊断本病时应注意与鸡传染性鼻炎、鸡传染性支气管炎（肾型）、鸡痘、鸡大肠杆菌性眼炎相区别。

1. **鸡传染性鼻炎** 除有眼皮肿胀、流泪外，还表现肿脸、肉髯浮肿和呼吸道症状（如流鼻液），病势传播迅速。

2. **传染性支气管炎（肾型）** 肾脏病变虽然与本病相似，但无眼皮肿胀、流泪等眼的症状表现。

3. **鸡痘** 鸡痘的发生有季节性，且鸡痘无肾脏病变。

4. **鸡大肠杆菌性眼炎** 其眼部症状与本病相似，但无食道、口腔黏膜和肾脏的病变。

（三）防治

防治本病的关键是注意饲料配合，日粮中多补充富含维生素A或胡萝卜素的饲料，如鱼肝油、胡萝卜、三叶草、玉米、菠菜、南瓜、苜蓿和其他各种牧草等。对发病的成年母鸡，每只病鸡投喂四分之一食匙的鱼肝油，每日3次。眼部病变用3%的硼酸溶液冲洗，每日1次，效果很好。由于维生素A吸收很快，因此，在发病严重时，马上补充维生素A，可迅速收到效果。有些母鸡在发病严重时，在饲料中加入维生素A，不到一个月即可恢复生殖力，否则可导致死亡。

鸡维生素D缺乏症

关键技术

　　诊断：诊断本病的关键是病鸡出现两腿无力，步态不稳或发生跛行，常以跗关节蹲伏，跗关节肿大，喙和趾变软，指压易弯曲，故有"橡皮嘴"之称。蛋鸡产薄壳蛋和软蛋，产蛋率下降，且孵化率降低。

　　防治：预防本病的关键是合理配备日粮，尤其对高产母鸡和发育幼鸡，饲料中应富含维生素D。对发病鸡投喂鱼肝油。

　　鸡维生素D缺乏症是由于饲料中供给以及体内合成的维生素D不足，引起以雏鸡佝偻病和缺钙症状为特征的营养缺乏症。

（一）诊断要点

1. 症状

　　（1）雏鸡：幼鸡缺乏维生素D，最早在出壳后10～11天就会出现症状，一般是在1月龄左右出现症状，食欲很好而发育不良，两腿无力，步态不稳或发生跛行，常以跗关节蹲伏，跗关节肿大，喙和趾变软，指压易弯曲，故有"橡皮嘴"之称。

　　（2）成鸡：发病后产薄壳蛋和软蛋，产蛋率下降，种蛋孵化率显著降低（主要在人孵后10～16天死胚较多），产蛋减少及蛋壳变薄变软现象常呈周期性，一小段时期严重，随后变轻。有的母鸡产蛋后腿软不能站立，蹲伏数小时后才恢复正常。

2. 病变　　慢性病例可见到明显的骨骼变形。

　　（1）胸骨（龙骨）：脊呈"S"形或"C"形弯曲。

　　（2）肋骨：变软，肋骨与肋软骨结合部肿大、突起，呈串珠状。肋骨沿胸廓呈向内弧形，胸廓下陷，挤压内脏器官。

（二）鉴别诊断

　　根据临床症状和剖检病变即可做出临床诊断，很容易与其他病相区别。

（三）防治

1. 预防 合理配备日粮，尤其是对高产母鸡和发育幼鸡，饲料中应富含维生素D，可以达到预防目的，但应注意过量的维生素D能产生毒害作用。此外，让鸡多晒日光，可促使维生素D的合成。

2. 治疗 对病鸡投喂鱼肝油，每次可喂2~3滴，每日3次。

鸡维生素E缺乏症

关键技术

　　诊断：诊断本病的关键是病鸡出现脑软化症、渗出性素质、白肌病和成年鸡繁殖障碍。

　　防治：预防本病的关键是合理配备日粮，对发病鸡投喂维生素E。

　　鸡维生素E缺乏症是由于维生素E缺乏而引起的以脑软化症、渗出性素质、白肌病和成年鸡繁殖障碍为特征的营养缺乏性疾病。

（一）诊断要点

1. 症状

（1）成年鸡：发病时无明显症状，母鸡产蛋正常，公鸡性欲不强，精子发育不良，精液中精子减少甚至无精子；种蛋受精率低，孵化至第4天胚胎死亡较多（即头照"弱精蛋"多）。

（2）雏鸡：本病主要发生在15~30日龄，临床上表现有三个病型。

脑软化症：病雏头向下或向一侧扭转，或向后仰，行走摇摆，时而向前或向侧面冲撞；有的两腿出现阵发性痉挛，躺倒于地面。

渗出性素质：病雏腹部皮下水肿，叉腿站立，水肿部常呈青紫色。

白肌病：病雏消瘦、贫血，运动失调或不能站立，陆续出现死亡。

2. 病变

（1）成年种公鸡睾丸：变小、变性，失去配种能力。

（2）脑软化症：脑膜水肿，小脑肿胀、柔软，其表面有散在出血点和黄绿色浑浊样坏死区。

（3）渗出性素质：剪开水肿部位，流出稍黏稠的蓝绿色液体，胸部、腿部肌肉和肠壁有轻度出血。

（4）白肌病：骨骼肌，尤其是胸肌和腿部肌肉色泽苍白、贫血，并且有灰白色条纹。

（二）鉴别诊断

本病应注意与鸡传染性脑脊髓炎相区别：①发病时间不同。本病主要在15～30日龄发生，而传染性脑脊髓炎在刚出壳时就有少数雏鸡发生瘫痪，经蛋传染的在7日龄之前大量发病，在孵化器内和育雏室内感染的主要在10～20日龄发病，3周龄之后发病的较少。②鸡脑脊髓炎病雏腿部麻痹，不能行走，头颈震颤，一般不扭头，不向前冲撞。③鸡脑脊髓炎不引起渗出性素质和白肌病，脑部也无肉眼可见病变。

（三）防治

1. **预防** 注意饲料配合，多喂些新鲜青绿饲料、谷类，放牧饲养等均可达到预防的目的。

2. **治疗** 如果发病不太严重，可进行治疗。①每只幼鸡投喂维生素E 300国际单位，效果很好。②植物油富含维生素E，在饲料内混入0.5%植物油，也可收到治疗的目的。

鸡维生素K缺乏症

关键技术

诊断： 诊断本病的关键是病鸡出现全身出血性素质。

防治： 防治本病的关键是多喂些青绿饲料和多汁饲料，对发病鸡，在饲料中加维生素K。

鸡维生素K缺乏症是由于缺乏维生素K而引起的以全身出血性素质为特征的营养缺乏性疾病。

（一）诊断要点

1. **症状**

（1）雏鸡：患病后约经2～3周出现症状，鸡冠、肉髯苍白，怕冷，卷缩发抖，挤堆，皮下有出血点，尤其在翅膀、胸、腿部位明显。

（2）成鸡：不易发生急性缺乏症，但由于所产蛋内维生素K含量低，鸡胚常因出血而死亡。

2. 病变 剖检见肌肉苍白，皮下血肿，体腔内有积血，凝固不良。肝脏、肾脏严重贫血，肺脏亦有出血，肝脏有针尖大小出血点或黄白色坏死灶。

（二）鉴别诊断

根据全身出血性素质、凝血不良和贫血症状即可做出临床诊断。较容易与其他病区别开。

（三）防治

多喂些青绿饲料和多汁饲料，可防治维生素K缺乏症。磺胺类药物和抗生素药物不能应用时间过长，以免破坏胃肠道微生物合成维生素K。及时治疗肝脏的疾病，以改善对维生素K的吸收和利用。对发病鸡，在按每千克饲料添加维生素K3～8毫克，4～6小时内，可使血液凝固正常。但短时间内不能制止贫血和出血。

鸡维生素B_1缺乏症

关键技术

诊断：诊断本病的关键是病鸡出现多发性神经炎，其典型症状呈特殊的"观星"姿势。

防治：防治本病的关键是日粮中添加富含维生素B_1的饲料，对发病严重不吃食的病鸡可口服或注射硫胺素。

鸡维生素B_1缺乏症是由于维生素B_1（硫胺素）缺乏引起的以多发性神经炎为典型症状的营养缺乏性疾病。

（一）诊断要点

1. 症状 雏鸡常突然发病，而成鸡发病较缓慢，一般在维生素B_1缺乏三周后发病，鸡冠呈蓝紫色。典型症状为多发性神经炎，表现肌肉发生痉挛或麻痹，倒地侧卧；有时出现角弓反张，头向后仰，尾部和跗关节着地，好像坐在地面上，呈特殊的"观星"姿势。此外，还有厌食、消瘦、下痢、消化障碍等症状。

2. 病变 皮肤发生广泛水肿，肾上腺肥大（母鸡比公鸡明显）。心肌和胃肠壁发生萎缩，生殖器官也萎缩，尤以睾丸表现明显。

（二）鉴别诊断

根据典型的临床症状，参考剖检病变，即可做出临床诊断。还可进行治疗性诊断，如投喂后维生素B_1症状减轻或消失者即可确诊。较容易与其他病相区别。

（三）防治

注意饲料搭配，适当多喂一些富含维生素B_1的饲料，如各种谷类、麸皮、新鲜的青绿饲料、酵母、乳制品等，可防治本病的发生。对发病严重不吃食的病鸡可口服或注射硫胺素5毫克。同时，在饲料中补充大量青绿饲料，以控制病情。

鸡维生素B_2缺乏症

关键技术

诊断：诊断本病的关键是病鸡出现卷爪麻痹症的典型症状。

防治：防治本病的关键是在日粮中添加富含维生素B_2的饲料，对发病鸡用盐酸核黄素治疗。

鸡维生素B_2缺乏症是由于维生素B_2缺乏而引起的以卷爪麻痹症为典型症状的营养缺乏性疾病。

（一）诊断要点

1. 症状

（1）全身症状：病鸡食欲不振，消化不良，生长发育缓慢，神经过敏，皮肤干燥易皲裂，羽毛稀少，皮肤和黏膜分界部位易溃烂和出现皮炎，眼分泌物增加。因消化道黏膜发炎而出现腹泻、下痢。

（2）雏鸡：出现食欲减少，贫血，眼、喙周围出现皮炎，在两周以内出现腹泻。典型症状是卷爪麻痹症，即趾向内弯曲成拳状，脚瘫痪，以跗关节着地，行走困难，强行驱赶则以跗关节支撑并在翅膀的帮助下走动，腿部肌肉萎缩、松软。

（3）成年鸡：产蛋率下降，种鸡则产蛋率、受精率、孵化率下降，死胚增多（入孵第2周死亡率高），或者是孵出的初生雏出现足趾卷曲，绒毛蓬乱，有棍棒状的绒毛。

2. 病变

（1）雏鸡：胃肠道黏膜萎缩，肠壁变薄，肠内有大量泡沫样内容物；严重时可见臂神经、坐骨神经明显粗大且松软，其直径比正常的粗4～5倍，颜色变黄，类似神经型马立克氏病。胸腺萎缩或出血，肝肿大，脂肪增厚。

（2）成年鸡：仅见肝增大，其内脂肪含量增多。

（二）鉴别诊断

诊断该病时应注意与遗传引起的鸡歪趾病和鸡马立克氏病相区别。

1. 鸡歪趾病　趾部向内弯曲，但仍以足的蹠面着地行走；而维生素B_2缺乏时，趾向内下方弯曲，趾背着地，并伴有肢腿麻痹症状。

2. 鸡马立克氏病　一般发生于2月龄之后，而维生素B_2缺乏最早发生于两周之内或2月龄之前。

（三）防治

在饲料中添加富含维生素B_2的肝脏粉、酵母、脱脂乳、谷类、新鲜青绿饲料、苜蓿、干草粉等，可有效地防治鸡维生素B_2缺乏症的发生。对发病鸡可用盐酸核黄素治疗，口服剂量，雏鸡为0.1～0.2毫克／只，成鸡为5～10毫克／只。出壳率降低时，给母鸡饲喂7天的盐酸核黄素饲料，种蛋的出壳率可逐渐恢复正常。但趾足卷曲、坐骨神经损伤的病鸡，则无法治疗。

鸡维生素B₃缺乏症

关键技术 ————————————————————

　　诊断：诊断本病的关键是病鸡出现皮炎、脱毛、生长迟缓。

　　防治：防治本病的关键是饲喂富含维生素B₃饲料，对发病鸡可口服或注射泛酸。

————————————————————

　　鸡维生素B₃，缺乏症又称鸡泛酸缺乏症又称雏鸡皮炎，是由于缺乏泛酸（维生素B₃）而引起的以皮炎、脱毛、生长迟缓为特征的营养缺乏性疾病。

（一）诊断要点

1. 症状

　　（1）雏鸡：羽毛蓬松甚至脱落，生长滞缓，病鸡消瘦，口角有结痂，眼睑边缘有小颗粒状病灶呈屑样物附着，上下眼睑被渗出物黏着而影响视力，皮肤上角化的上皮缓慢地脱落，严重时趾间和脚底部外层皮肤有时脱皮，或出现裂纹与裂口，裂纹及裂口加深时，雏鸡不能走动。有的患鸡脚上皮角质化，在脚的肉球上形成疣性赘生物。

　　（2）成鸡：产蛋下降，孵化率低，鸡胚死亡率增高，大多死亡于孵化2～3天。

2. 病变

口内有脓样分泌物，腺胃内有不透明的灰白色渗出物。肝肿大，呈暗黄色、浅黄色及污秽样的黄色。脾脏轻度萎缩，肾脏略有肿大，脊髓神经纤维变性。

（二）鉴别诊断

　　雏鸡泛酸缺乏症与鸡维生素H缺乏症很难区别，均会引起皮炎，羽毛断裂，骨短粗症（见锰缺乏症），生长发育不良，死亡率高。当雏鸡发生维生素H缺乏时，其皮炎症状首先表现在足部，以后才波及到口角、眼边等；而泛酸缺乏症的皮炎首先出现在口角、眼边和腿上，严重时才波及足底。

（三）防治

　　饲喂富含泛酸的饲料如新鲜青绿饲料、酵母、肝脏粉、苜蓿粉或脱脂乳等，可预防本病的发生。对发病鸡，轻者可口服或注射泛酸，随后在每千克饲料中补充泛酸钙8毫克，可以完全康复。

鸡维生素B₅缺乏症

　　鸡维生素B₅缺乏症又称鸡烟酸缺乏症，是指由于烟酸（又名尼克酸、维生素PP或维生素B₅）和色氨酸同时缺乏引起的以皮炎、骨短粗症等为特征的一种营养代谢病。成鸡很少发生此病。

（一）诊断要点

　　1. 病因　长期饲喂以玉米为主要成分的日粮，易引起烟酸缺乏症。除了玉米含烟酸量少外，据报道玉米中还含有一种抗烟酸的物质，影响烟酸的利用。禾谷类饲料中的烟酸多呈结合状态，不易被吸收。使用此类饲料时，若不注意添加烟酸，易导致缺乏症的发生。当饲料中长期缺乏色氨酸，使鸡体内合成的烟酸减少。此外，长期使用某些抗菌药物或患有消化道疾病引起肠道微生物合成烟酸减少。

　　2. 症状

　　（1）雏鸡：表现生长停滞，具有特征性的症状是羽毛稀少，鳞状皮炎，胫蹠关节变粗，腿呈弓形与骨短粗症相似；病鸡口腔黏膜发炎，舌发黑色暗；肠道发炎，下痢。

　　（2）成鸡：较少发生，发生后羽毛脱落，产蛋量下降，孵化率低。

　　3. 病变　剖检可见口腔、食道黏膜表面有炎性渗出物，胃肠充血，十二指肠、胰腺出现溃疡。

（二）鉴别诊断

　　本病的"胫蹠关节变粗，腿呈弓形"症状与锰及胆碱缺乏所致的骨短粗症相似，其主要区别是：在维生素B₅缺乏时，跟腱极少从所附着的踝部滑脱。

（三）防治

　　在日粮中添加富含烟酸的饲料如小麦、大麦、酵母、肝脏粉等，可预防本病。鸡对烟酸的需要量与饲料中色氨酸的水平有关，玉米中色氨酸含量不多，在含玉米较多的日粮中应补充烟酸的需要量。对发病鸡，在每千克饲料中加烟酸10毫克，能很快恢复。但对骨短粗症或飞节肿大症等严重病例，效果很小或根本无效。

鸡维生素B$_6$缺乏症

关键技术 ————————————————

诊断：诊断本病的关键是病鸡出现骨短粗症和行走时双脚呈神经性的颤动。

防治：防治本病的关键是给鸡充足饲料和减少应激，对发病鸡，在饲料中添加吡哆醇。

————————————————

鸡维生素B$_6$缺气症又称鸡吡哆醇缺乏症，是由于维生素B$_6$缺乏所引起的以骨短粗症和行走时双脚呈神经性的颤动为特征的营养缺乏性疾病。

（一）诊断要点

（1）雏鸡：表现食欲不振，骨短粗，行走时双脚呈神经性的颤动，常有痉挛性抽搐症，直至死亡。发生痉挛时，小鸡无目的地行走，双翼扑动，倒向一侧或呈翻滚动作翻向另一侧，头和脚急速抽搐或呈游泳样前后划动。

（2）成鸡：产蛋率、孵化率均会降低，同时耗料量减少、消瘦甚至死亡。

（二）鉴别诊断

本病与鸡维生素E缺乏所引起的脑软化症不同，维生素B$_6$缺乏症发作时，其症状表现强度更大，更为严重，易使病雏衰竭死亡。

（三）防治

1. 预防 大多数饲料中都含有较丰富的维生素B$_6$，一般不需要再向饲料中补充。在饲料极度不足或在应激情况下，鸡对维生素B$_6$的需要量增加时才导致缺乏症的发生。此外，在饲喂高蛋白质日粮时，鸡对维生素B$_6$的需要量增大。如果饲料中没有添加足够的维生素B$_6$，则可导致缺乏症的发生。因此，给鸡充足饲料，在鸡应激或饲喂高蛋白饲料时，应在饲料中添加足够的维生素B_6，可预防本病的发生。

2. **治疗**　对发病鸡应及时补充维生素B_6，一般每千克饲料补充吡哆醇10～20毫克。

鸡维生素B_{11}缺乏症

关键技术

诊断：诊断本病的关键是病鸡表现"蛇颈"、贫血等特征。

防治：防治本病的关键是在日粮中适当搭配富含叶酸的饲料。对病鸡可注射叶酸。

鸡维生素B_{11}缺乏症又称鸡叶酸缺乏症，是由于机体内缺乏叶酸（维生素B_{11}）而引起的以"蛇颈"、贫血为特征的营养缺乏性疾病。

（一）诊断要点

本病的特征性症状是"蛇颈"，即头颈麻痹，头尽力向前伸直，喙触地，抬不起来。同时还可表现生长不良，贫血，冠苍白，骨短粗症，有色羽毛的鸡缺乏色素。成年产蛋母鸡的产蛋率以及孵化率明显的下降。红细胞减少，血红蛋白量下降。

（二）鉴别诊断

根据特征性的临床症状即可做出诊断。还可进行治疗性诊断：喂服叶酸后症状很快缓解或消除者即可确诊。较容易与其他病相区别。

（三）防治

在日粮中搭配适当的富含叶酸的饲料如黄豆粉、苜蓿粉、酵母等，可防治鸡叶酸缺乏症。玉米中叶酸比较缺乏，用玉米作饲料时，应注意防治叶酸缺乏。对病鸡可注射叶酸0.05～0.1毫克，一周内可恢复。每千克饲料中加入5毫克叶酸，可获得同样的效果。

鸡维生素B$_{12}$缺乏症

诊断：诊断本病的关键是病鸡的主要特征是出现恶性贫血。

防治：防治本病的关键是在日粮中加富含维生素B$_{12}$的饲料，对发病鸡注射或饲料中加维生素B$_{12}$。

鸡维生素B$_{12}$（氰钴氨、钴氨素）缺乏症是由于维生素B$_{12}$或钴缺乏引起的以恶性贫血为主要特征的营养缺乏性疾病。

（一）诊断要点

1. **病因** 饲料中长期缺钴可引发本病。长期服用磺胺类抗生素，影响肠道微生物合成维生素B$_{12}$，也易发生本病。笼养鸡不能从环境（垫草等）中获得维生素B$_{12}$，且肉鸡和雏鸡需要量较高，必须加大添加量。

2. **症状**

（1）雏鸡：表现贫血，生长迟缓，饲料利用率降低，甚至死亡。当日粮中缺乏维生素B$_{12}$，又缺乏胆碱、蛋氨酸或甜菜碱等能提供甲基的营养物质时，可产生骨短粗症。

（2）产蛋鸡：产蛋量及孵化率均降低，尤其孵化后期胚胎死亡增多（在孵化至17天左右胚胎因畸形而出现一个死亡高峰），孵出的幼雏死亡率也增高。

3. **病变** 剖检可见雏鸡肝中脂肪增多（脂肪肝），肌胃糜烂，肾上腺肿大；鸡胚腿肌萎缩，有出血点，骨短粗。

（二）鉴别诊断

根据病因调查、特征性的临床症状和剖检变化即可做出临床诊断，与其他疾病易鉴别。

（三）防治

1. **预防** 对平养鸡，预防本病最实用的方法是在鸡舍内多加垫草，即所谓的"厚垫草"的饲养法。鸡维生素B$_{12}$最好的来源是鱼粉、肝脏粉、肉屑和酵母等，因此，饲料中这些成分要充足。另外，喂给氯化钴，家禽可将这种无机钴合成维生素B_{12}，也可利用能合成维生素B_{12}的微生物进行特殊发酵来补充。

2. 治疗 对发病鸡，肌肉注射维生素B_{12}制剂，每只鸡注射0.002毫克，可提高种蛋的孵化率。种用鸡日粮中，按每吨饲料加入30毫克维生素B_{12}，能维持鸡胚最高出壳率。

鸡生物素缺乏症

关键技术

诊断： 诊断本病的关键是病鸡出现皮炎、骨短粗症。

防治： 防治本病的关键是合理配合饲料。对发病鸡及时补充维生素H。

鸡生物素（维生素H）缺乏症是由于维生素H缺乏所引起的以皮炎、骨短粗症为特征的营养代谢病。

（一）诊断要点

1. 病因 谷物类饲料中生物素含量少，利用率低（油粕、苜蓿粉和干酵母中生物素的利用率最好，肉粉、鱼粉次之，谷物较差，其中小麦和大麦最差），如果谷物类在饲料中比例过高，鱼粉、豆饼比例较低，就容易发生缺乏症。酸败的脂肪和生蛋清都能破坏生物素。当用不新鲜的肉渣、炼油渣喂鸡，或鸡有食蛋病时，就会造成生物素缺乏。

2. 症状 当雏鸡一旦发生维生素H缺乏时，表现皮炎，足底粗糙，皲裂出血，严重时足趾坏死，脱落；嘴角边缘出现痂皮，眼睑肿胀，眼闭塞，嗜睡，不易与维生素E、硒缺乏相区别。此外，雏鸡有的还发生轻度的骨短粗症，与缺锰症相似。

产蛋母鸡缺乏维生素H时，仅表现其产的蛋孵化率降低，所孵出的雏鸡出现先天性的骨短粗症，运动失调及特征性的骨骼畸形。

肉用子鸡发病时，可出现脂肪肝肾综合征，病鸡胸颈部麻痹，垂头站立，继而头着地伏下，数小时死亡。

3. 病变 剖检可见肝、肾肿大，呈青白色，心脏苍白，体脂肪呈粉红色，肌胃内有黑棕色液体。

（二）鉴别诊断

本病应与鸡维生素B₃缺乏症、锰缺乏症相区别：鸡维生素B₃缺乏症的皮炎首先出现在口角、眼边和腿上，严重时才波及足底。当雏鸡发生维生素H缺乏时，其皮炎症状首先表现在足部，以后才波及到口角、眼边等。锰缺乏时无皮炎症状，除表现骨短粗症外，还出现脱腱症（腓肠肌腱从原来的踝部脱落下来）。

（三）防治

一般配合饲料都能满足鸡的营养需要，在生产实践中很少有维生素H缺乏症发生。一旦鸡群发病，应立即补充生物素，同时在饲料中适当增加油粕、苜蓿粉和干酵母比例。

鸡胆碱缺乏症

关键技术

诊断：诊断本病的关键是病鸡出现骨短粗和脂肪肝为特征的病变。

防治：防治本病的关键是加强饲养卫生管理，对发病鸡在饲料中增加胆碱的添加量。

鸡胆碱缺乏症是由于胆碱缺乏引起的以骨短粗和脂肪肝为特征的营养缺乏性疾病。

（一）诊断要点

1. **病因** 日粮中胆碱添加量不足，饲料中蛋氨酸、叶酸和维生素B1不足时，鸡对胆碱的需要量增多。胃肠和肝脏疾病可影响胆碱的吸收和合成。脂肪采食量过高而没有相应增加饲料中胆碱的添加量，易出现本病。

2. **症状** 雏鸡缺乏胆碱时，生长发育不良，最为显著的症状是骨短粗症。成鸡缺乏胆碱会发生脂肪肝综合征。

3. **病变** 剖检可见肝、肾脂肪沉积，肝肿大，呈土黄色，飞节肿大部位有出血点，胫骨变形，腓肠肌脱位。病死鸡鸡冠、肉髯、肌肉苍白，肝包膜破裂，腹腔有大凝血块。

（二）鉴别诊断

根据病因调查、临床症状、剖检变化进行综合分析、判断才能做出正确诊断。

（三）防治

加强饲养卫生管理，防治胃肠道和肝脏疾病的发生；合理配合饲料，添加足够的胆碱、蛋氨酸、叶酸和维生素B$_{12}$。鸡群一旦发病，及时补充胆碱。

鸡钙与磷缺乏症

关键技术

诊断：诊断本病的关键是病鸡的特征为雏鸡佝偻病、成鸡软骨病。

防治：防治本病的关键是在日粮中搭配适当的矿物质和富含磷的原料。

鸡钙与磷缺乏症是由于钙磷缺乏引起的以雏鸡佝偻病、成鸡软骨病为特征的营养代谢症。由于钙磷在骨骼组成、神经系统和肌肉正常功能的维持方面有着重要的作用，所以，钙磷缺乏症是一种重要的营养缺乏症。

（一）诊断要点

1. 病因

（1）饲料中钙磷含量不足：不同日龄的鸡对钙的需要量是不同的。生长期的鸡，钙在饲料中的含量应在0.8%，产蛋鸡应为2.25%～3.75%；而磷的需要量较为恒定，各种年龄的鸡皆为0.6%左右。如果饲料中钙磷含量少于以上数量，则为钙磷含量不足。应注意的是，钙不能使用过量，否则会引起肾病变和痛风病的发生。当钙过量而磷又较少时这种病就更易发生。尤其是注意开产前的鸡，饲料中要适当补充石粉，否则其发病率及死亡率会增加。

（2）饲料中钙磷比例失调：钙磷比例失调可影响两种元素的吸收，雏鸡和产蛋鸡的饲料中，钙磷比例应为1：1至4：1。

（3）维生素D缺乏：维生素D在钙磷吸收和代谢过程中起着重要作用，如果维生素D缺乏就会引起钙磷缺乏症的发生。

（4）其他因素：如疾病、生理状态也会影响钙磷代谢和吸收，进而引起缺乏症。

2. 症状

（1）幼雏：骨骼发育不良，易患佝偻病，胸骨S状弯曲等症，腿软，站立不稳，骨质软化，易骨折，或两腿变形外展；羽毛生长不良。

（2）产蛋鸡：出现薄壳蛋或软壳蛋，产蛋量下降。由于饲料中钙和磷供应不足，维生素D又缺乏，产蛋鸡就不得不消耗骨骼中的钙来促使蛋壳形成，因而就造成产蛋鸡的骨骼变得疏松、易脆，甚至发生骨折，即发生所谓的产蛋鸡笼养疲劳征，腿软，卧地不起。

3. 病变 可见胸骨和肋骨自然骨折，肋骨与肋软骨结合部有串珠状突起，胫骨和蹠骨变形。

（二）鉴别诊断

根据病因调查（检测饲料中的钙磷含量及其比例），结合临床症状和剖检病变进行综合判断，即可做出临床诊断。

（三）防治

在日粮中搭配一定量的矿物质如贝壳粉、蚌壳粉、大理石粉、石灰石粉、骨粉等和富含磷的饲料如谷实及其副产品如麦麸等，可有效的防治钙磷的缺乏。

鸡钠与氯缺乏症

关键技术

诊断：诊断本病的关键是病鸡出现生长停滞、生产性能下降、神经症状和肾上腺肿大。

防治：防治本病的关键是在饲料中添加适量的食盐。

鸡钠与氯缺乏症是由于食盐缺乏引起的以生长停滞、生产性能下降、出现神经症状和肾上腺肿大为特征的一种营养代谢症。

（一）诊断要点

1. **症状** 缺钠会使家禽发育迟滞，骨质变松，角膜角质化，体重减轻，生殖机能下降，产蛋量急剧下降，蛋小，易患啄癖症。缺氯时鸡生长停滞，血液浓缩，脱水，并出现典型的神经症状，受惊时突然倒地，两脚后伸，数分钟后恢复正常，如再受惊则再发作。

2. **病变** 剖检可见肾上腺肿大。

（二）鉴别诊断

根据病因调查（检测饲料中的食盐含量），结合临床症状进行综合判断，即可做出临床诊断。较容易与其他病区别。

饲料中食盐含量的测定法：将饲料在坩埚内充分炭化后，加蒸馏水浸泡并过滤，然后用硝酸银溶液滴定，即可测出饲料中的含盐量。

（三）防治

防治本病的关键是在饲料中添加适量的食盐。

鸡钾缺乏症

关键技术

诊断：诊断本病的关键是病鸡腿无力、肠管膨胀和心肺功能衰竭。

防治：防治本病的关键是加强饲养卫生管理，防治腹泻和降温，发病后及时补充氯化钾。

鸡钾缺乏症是由于钾缺乏引起的以腿无力、肠管膨胀和心肺功能衰竭为特征的一种营养代谢症。

（一）诊断要点

1. **病因** 在腹泻及高温条件下，由于体内丢失钾离子较多，没能及时补充氯化钾即可导致发病。

2. **症状** 缺钾可造成肌肉无力，其特征是两腿无力，肠管张力不足而且膨胀，心脏功能衰竭，呼吸衰弱，严重时病鸡可在阵发性抽搐后死亡。

产蛋鸡缺钾时，可引起产蛋量下降和产薄壳蛋。

（二）鉴别诊断

根据病因调查，结合临床症状进行综合判断，即可做出临床诊断。

（三）防治

加强饲养卫生管理，防治腹泻，高温天气应注意给鸡降温，一旦鸡群发生腹泻或中暑，应及时补充氯化钾。

鸡镁缺乏症

关键技术

诊断：诊断本病的关键是病鸡出现生长停滞、骨骼变形和骨质疏松，表现神经症状。

防治：防治本病的关键是合理搭配饲料，保持饲料中含镁量为0.02%～0.04%，若鸡发生镁缺乏，应补硫酸镁或氧化镁。

鸡镁缺乏症是由于镁缺乏引起的以生长停滞、骨骼变形和骨质疏松，以及出现神经症状为特征的一种营养代谢症。

（一）诊断要点

1. **病因** 一般饲料中的镁可以满足鸡的需要，不必另外添加。但是，当饲料中镁的含量达不到0.02%～0.04%时，就可导致镁缺乏症的发生。

2. **症状** 镁缺乏可影响钙磷比例失调，鸡生长停滞，骨骼及蛋壳变形，下痢，严重的可发生神经性震颤、惊厥和昏睡。成年鸡缺镁时，产蛋减少，骨质疏松。

应注意的是，有些地区的石灰石含镁量相当高，用这种石粉配制饲料，过剩的镁需要较多的钙与之平衡，钙的消耗又影响钙磷比例，结果是引起缺钙症状：母鸡产蛋减少，蛋壳变薄，拉稀便等。因此，用饲料补充钙最好用贝壳粉，不用石粉，如果限于条件，只能用石粉，钙与磷要稍高于正常水平。

（二）防治

合理搭配饲料，保持饲料中含镁量为0.02%～0.04%，若鸡发生镁缺乏，应补硫酸镁或氧化镁。将硫酸镁或氧化镁与少量食盐或饲料混合喂鸡。

鸡硫缺乏症

关键技术 ————————————————————

诊断：诊断本病的关键是缺硫的鸡表现啄羽。

防治：防治本病的关键是合理搭配饲料，对发病鸡，在饲料中加入石膏粉或羽毛粉。

————————————————————

鸡硫缺乏症是以啄羽为特征的一种营养代谢症。

（一）诊断要点

缺硫的鸡最为特征性的表现是相互啄羽，时间长时可形成恶癖。被啄鸡常因被啄而出血，尽量寻找安静处躲避。

（二）防治

合理搭配饲料，可防治本病的发生。鸡群发病后，在饲料中添加2%石膏粉或1%羽毛粉或含硫氨基酸，以补充硫元素。

鸡锰缺乏症

关键技术 ————————————————————

诊断：诊断本病的关键是病鸡特征为骨形成障碍、骨短粗、生长受阻。

防治：防治本病的关键是合理搭配饲料，防治胃肠疾病的发生，对发病鸡，在饲料中加入硫酸锰或用高锰酸钾溶液饮水。

————————————————————

鸡锰缺乏症是由于锰缺乏引起的以骨形成障碍、骨短粗、生长受阻为特征的营养代谢症。

（一）诊断要点

1. 病因

（1）地区性缺锰：地区性土壤中含锰量少，其上生长的作物子实含锰量也很低。

（2）饲料配制不当：无机锰添加量不足。

（3）锰的吸收、利用障碍：饲料中钙、磷、铁以及植酸盐含量过多，或鸡患球虫病等胃肠道疾病时，可影响机体对锰的吸收、利用。

（4）锰的需要量增加：饲料中B族维生素不足，增加了鸡对锰的需要量。

2. 症状

（1）幼鸡：缺锰时会出现骨短粗症或脱腱症。其特征性的症状是：胫蹠关节肿大，胫骨下端和蹠骨上端发生扭转或弯曲，有的腓肠肌腱从原来的踝部脱落下来，多数是一侧腿向外弯曲，极少向内弯曲的。骨骼短粗，其硬度良好。病鸡因腿部变形不能行动，直至饿死。

（2）成年蛋鸡：产蛋量下降，蛋壳薄而脆，种蛋孵化率显著下降，鸡胚大多数在快要出壳时死亡。胚胎躯体短小，骨骼发育不良，翅短，腿短而粗，喙短弯呈特征性的"鹦鹉嘴"。

（二）鉴别诊断

骨短粗症还常发生于钙及磷缺乏、维生素D缺乏、胆碱和生物素以及烟酸缺乏，诊断时应注意区别。

（1）鸡钙及磷缺乏和维生素D缺乏时：骨质疏松，易骨折；肋骨变软，肋骨与肋软骨结合部肿大、突起，呈串珠状。

（2）烟酸（维生素B_5）缺乏时：跟腱极少从所附着的髁部滑脱。

（3）胆碱和生物素缺乏时：还表现肝脏和肾脏病变。

（三）防治

合理搭配饲料，防治胃肠疾病的发生，可有效防治本病的发生。对发病鸡，每千克饲料中加入硫酸锰0.1~0.2克，或用0.005%高锰酸钾溶液饮水，每天2~3次，连用2天，停止2~3天，再用2天。

鸡硒缺乏症

关键技术

诊断：诊断本病的关键是病鸡骨骼发育不良、白肌病、渗出性素质。

防治：防治本病的关键是合理搭配饲料，对缺硒的地区，饲料中要补充硒。

鸡硒缺乏症是由于硒缺乏引起的以骨骼发育不良、白肌病、渗出性素质为特征的营养代谢症，与维生素E缺乏症有很多共同之处。

（一）诊断要点

1. 病因 ①地方性缺硒：地区性土壤中缺硒，其上生长的作物子实亦缺硒，最终造成饲料缺硒。②饲料中添加硒量不足。③维生素E缺乏：也可造成硒缺乏症发生。④其他因素的影响：如硫对硒的拮抗作用等。

2. 症状 在初期往往不见临床症状，随着硒缺乏的逐步发展，少数鸡突然死亡，大多数雏鸡出现精神委顿，食欲减退，呆立，运步强拘，腿向两侧分开，个别的出现以胫蹠关节着地行走，倒地后不易站起，继而出现缩颈，双翅下垂，羽毛蓬松，冠发白，肢后伸，胸着地，胸、腹、翅下及腿部浮肿，皮肤呈蓝色，穿刺有黄白色胶冻样或蓝绿色水肿液流出。体温正常或偏低。成年母鸡冠发白，产蛋量下降。

3. 病变

（1）雏鸡：缺硒时，其白肌病与渗出性素质常同时发生。剖检可见病雏鸡胸肌有白色条纹，胸腹腿皮下有黄色胶冻样或蓝绿色液体浸润，心肌有灰白色坏死灶，心包积液，胰脏萎缩。

（2）成年母鸡：剖检可见胸肌有白色条纹。

（二）鉴别诊断

根据病因分析、特征性的临床症状和剖检病变即可做出临床诊断，较容易与其他病区别。

（三）防治

防治本病的关键是补硒，尤其是缺硒地区。每千克饲料补硒0.1～0.2

毫克。硒的作用在很多方面与维生素E有密切的关系，饲料中维生素E较高会补偿硒的不足，而维生素E缺乏则会使饲料中可利用的硒更加不足。因此，在临床上多使用亚硒酸钠配合维生素E治疗本病。决定硒和维生素E的添加量时，可根据具体情况全面考虑。

鸡锌缺乏症

关键技术

　　诊断： 诊断本病的关键是病鸡出现皮肤角化不全、羽毛发育不良、生长发育停滞、骨骼异常、生殖机能下降等特征。

　　防治： 防治本病的关键是合理配合饲料，对发病鸡用碳酸锌或硫酸锌治疗。

　　鸡锌缺乏症是由于锌缺乏引起的以皮肤角化不全、羽毛发育不良、生长发育停滞、骨骼异常、生殖机能下降等为特征的营养代谢症。

（一）诊断要点

　　1. 病因　①地区性缺锌：缺锌地区土壤中锌含量很少，该地区生长的作物子实中也就缺锌。②饲料中锌添加量不足。③饲料中钙、镁、铁、植酸盐过多，影响锌的吸收。④其他因素的影响：如棉酚可与锌结合，使锌失去生物活性。

　　2. 症状

　　（1）雏鸡：缺锌时食欲减退，体质衰弱，生长发育迟缓或停滞；羽毛发育不良，卷曲，翼羽、尾羽缺损，严重时无羽，新羽不易生长；皮炎、角质化呈鳞状，脚和趾上有炎性渗出物或皮肤坏死，创伤不易愈合；受惊吓时可发生呼吸困难，也会发生骨短粗症，关节肿大。

　　（2）产蛋鸡：缺锌时易发生啄蛋癖，蛋壳变薄，种蛋出雏率低，胚和孵出的雏畸形，骨骼发育不良，死亡率高。

　　3. 病变　通常不进行尸体解剖。（二）鉴别诊断

　　根据病因调查和特征性的临床症状即可做出临床诊断。

（三）防治

合理配合饲料，适当配合含锌较多的饲料如肉粉、骨粉等。每千克饲料中含15～20毫克锌即可满足鸡需要。对发病鸡用碳酸锌或硫酸锌治疗。

鸡铁缺乏症

关键技术

诊断：*诊断本病的关键是病鸡表现贫血。*

防治：*防治本病的关键是合理配合饲料，治疗用硫酸亚铁。*

鸡铁缺乏症是由于铁缺乏引起的以贫血为特征的营养代谢症。

（一）诊断要点

1. **症状** 若铁缺乏时，可以发生缺铁性贫血。典型症状是：红细胞减少，血红蛋白量下降，红细胞压积容量降低。种母鸡缺铁时，孵化率降低，胚胎贫血，雏鸡体弱，懒于运动，补铁后恢复。

2. **病变** 肌肉苍白、水肿，血液稀薄、色淡，心脏肥大。

（二）鉴别诊断

根据症状和剖检病变即可确诊，较容易与其他病区别。

（三）防治

合理配合饲料，每千克雏鸡饲料中应含铁1.5毫克，植物的叶子、豆科子实以及蔗糖等都含有丰富的铁。治疗用硫酸亚铁。

鸡碘缺乏症

关键技术

诊断：*诊断本病的关键是病鸡甲状腺肿大。*

防治：*防治本病的关键是饲料中必须配合碘。*

鸡碘缺乏症是由于碘缺乏而引起的以甲状腺肿大为特征的一种营养代谢症。

（一）诊断要点

1. 症状

（1）雏鸡和青年鸡：缺碘时，甲状腺肿大，因压迫食道而引起吞咽障碍，气管因受压迫而移位，吸气时发出特异的笛声。代谢机能降低，生长发育缓慢，骨骼发育不良，羽毛不丰满。

（2）种鸡：缺碘时，可使其孵出的子鸡出现先天性的甲状腺膨大。据报道，在孵化后期死胚增多，孵化时间延长，胚体小，卵黄囊吸收停滞。

2. 病变 剖检可见甲状腺肿大，比正常增大10～20倍。

（二）鉴别诊断

根据典型症状和剖检病变即可确诊，比较容易与其他病相区别。

（三）防治

防治本病的关键是饲料中必须配合碘，每千克饲料中至少加入0.35毫克的碘。

笼养蛋鸡疲劳征

关键技术

　　诊断：诊断本病的关键是在产蛋高峰期，病鸡表现腿软不能站立、骨质疏松等特征。

　　防治：防治本病的关键是在产蛋高峰期或高产蛋鸡，在饲料中适当增加钙、磷和维生素D的比例。

笼养蛋鸡疲劳征又称为软腿病，是笼养蛋鸡较为严重的一种营养代谢病，以腿软不能站立、骨质疏松为特征。

（一）诊断要点

1. 病因 在产蛋高峰期或高产蛋鸡，由于产蛋率高，对钙、磷和维生素D的需要量增大。当饲料中这些成分不足或比例失调时，机体就要通过内分泌系统的调节机制，动员骨骼中的钙以满足蛋壳形成的需要。由于骨骼中的钙盐被吸收，导致骨质疏松，骨骼变软，以至不能支持体重而发病。

2. **症状** 发病初期病鸡精神良好，采食量也不少，随病情的发展，逐渐出现很多的薄壳蛋、软蛋，同时还常出现啄蛋癖，进而产蛋量下降，精神沉郁，鸡腿无力，站立困难，常卧于笼底，嗜睡。到病后期，由于鸡行动不便，采食困难，机体消瘦，产蛋停止，并出现关节变形和自发性骨折。

3. **病变** 特征性的病变是胸骨变软、弯曲，肋骨变软，肋骨和肋软骨相接处增生而形成结节状串珠（与佝偻病的病变相似）。长骨的骨质疏松变脆，有时可见自发性骨折。甲状旁腺由于功能亢进而肥大（比正常的大数倍）。

（二）鉴别诊断

根据临床症状和典型的病理变化即可做出诊断。

（三）防治

防治本病的关键是产蛋高峰期鸡或高产蛋鸡，在饲料中适当增加钙、磷和维生素D的比例，饲料中的含钙不低于3.5%，有效磷保持0.4%～0.42%。产蛋末期将日粮中含钙量增至6%，可增加骨骼的强度。此外，夏季要作好防暑降温工作。对发病鸡移到地面饲养，并在饲料中增加钙、磷和维生素D，调整钙磷比例，同时让鸡接受日光照射，多数病鸡可经3～5天恢复正常。

鸡脂肪肝出血综合征

关键技术

诊断：诊断本病的关键是以病鸡体肥胖、产蛋减少、突然死亡、肝破裂出血、低发病率和高死亡率为特征。

防治：防治本病的关键是合理配合饲料，饲料中应有足够的嗜脂因子，补充足量的硒。

鸡脂肪肝出血综合征主要是由于高能低蛋白日粮引起的脂肪代谢障碍，使肝脏脂肪沉积过多所致的肝细胞与血管壁变脆而发生的肝脏破裂出血。以鸡体肥胖、产蛋减少、突然死亡、肝破裂出血、低发病率和高死亡率为特征。该病多发生于54~80周龄的产鸡蛋，但也见于雏鸡。

（一）诊断要点

1. 病因 鸡从饲料中获得的碳水化合物和蛋白质过剩，就会转化为脂肪并在腹腔、皮下等部位沉积。当机体缺乏蛋氨酸、胆碱、维生素B_1、生物素、维生素E及硒等物质时，则会有一部分脂肪在肝细胞中沉积，而形成脂肪肝。当肝细胞破裂时即导致本病的发生。

在营养良好、产蛋率处于高峰时，突然由于光照不足、饮水不足或其他应激因素，使产蛋量大幅度下降，于是造成营养过剩并转化为脂肪蓄积起来，也易诱发脂肪肝。

营养良好而运动不足，会导致肥胖，促进脂肪肝的发生。笼养鸡因为缺乏运动，发生本病的较多。

饲料配制不当，大量饲喂菜子饼（未脱毒）或饲料发霉变质（黄曲霉毒素含量较高），都可导致脂肪肝和肝破裂的发生。据有关资料报道，菜子饼如占饲料5%以上时，肝破裂死亡数与其用量成正比。

此外，本病还与遗传因素、高温和应激因素等有关。

2. 症状 本病在鸡群中发生时，大多数鸡精神、食欲尚好，但明显过于肥胖，体重超过正常鸡的20%~30%，产蛋减少，全群产蛋率常由80%以上降至50%左右，有些鸡停产。个别鸡出现突然死亡。

3. 病变 剖检病鸡发现尸体肥胖，皮下脂肪很多，腹腔和肠系膜亦有大量的脂肪沉积。肝脏肥大（达正常的2~4倍），油腻，呈黄褐色，质地脆弱，表面常有出血斑点。剖检突然死亡的鸡，发现鸡冠、肉髯苍白，除有上述病变外，腹腔内常有大量积血或大凝血块，有的凝血块将肝脏包裹住，除去血凝块可见肝脏有破裂口。

（二）鉴别诊断

根据典型的临床症状和病理变化即可做出诊断，较容易与其他病区别。

（三）防治

1. 防治

（1）合理配合饲料：高能量、低蛋白是引起脂肪肝的主要原因，因此，配合饲料时，一定注意能量和蛋白质的比例。我国以产蛋率为依据制定了蛋能比标准，当产蛋率大于80%时，日粮蛋能比为60。产蛋率为65% ~ 80%时，日粮蛋能比为54。产蛋率小于65%时，日粮中蛋能比为51。

（2）在饲料中应有足够的嗜脂因子：如维生素E、生物素、胆碱、B族维生素、蛋氨酸等。产蛋鸡需要维生素E为每千克饲料5国际单位，应激时需要20国际单位／千克饲料。在含有维生素E的配合饲料中添加维生素C或半胱氨酸，能提高维生素E的转化率，并可减少维生素A和维生素D的添加量，还可防治维生素E过多症；日粮中添加生物素制剂，可预防本病，产蛋鸡为0.1 ~ 0.5毫克／千克。胆碱的需要量，日粮中不能少于900毫克／千克。

（3）饲料中加硒：以钠盐形式在日粮中按每千克饲料加入0.05 ~ 0.1毫克的硒。将亚硒酸钠和饲料均匀混合或溶于饮水中，每天喂含有亚硒酸钠的饲料（0.05毫克／千克），一周剂量为0.1毫克，然后停用一周。

（4）根据鸡的品种特点和标准进行合理限饲：一般原则是产蛋高峰前限量应小，高峰后限量应大。小型鸡种应在120日龄后开始限饲，限饲量应控制在8% ~ 12%最好。

2. 治疗 当鸡群发生脂肪肝病后，可采用下列两种方法治疗，可治愈或缓解病情。①每吨饲料中加硫酸铜63克，胆碱550克，维生素B_{12} 3.3毫克，维生素E 5500国际单位，DL －蛋氨酸550克。②将日粮中的粗蛋白质水平提高1% ~ 2%。

鸡痛风病

关键技术

诊断： 诊断本病的关键是病鸡在内脏、关节囊、关节软骨、肾小管、输尿管和其他间质组织有尿酸盐沉积。

防治： 防治本病的关键是根据鸡的年龄、生产性能和全身状况调整蛋白营养。治疗方法是祛除病因，用肾宝或肾肿消加鱼肝油。

鸡痛风病又称鸡肾功能衰竭症、尿酸盐沉积症或尿石症，是由于蛋白质代谢发生障碍所引起的以尿酸盐沉积在内脏、关节囊、关节软骨、肾小管、输尿管和其他间质组织中为特征的一种高尿酸血症。

青年鸡和成年鸡都可发生，尤其笼养鸡最易发病。

（一）诊断要点

1. **病因** ①肾脏排出尿酸盐功能受损。②饲料中蛋白质含量过高。

2. **症状** 鸡痛风症可分为两种：一种是内脏型痛风，另一种是关节型痛风。

（1）内脏型痛风：比较常见，外观病鸡精神委顿，食欲不振，呆立，鸡冠皱缩起白色屑状物，蹠部皮肤干枯，爪干呈脱水样，肛门松弛无力，排白色石灰浆样粪便，产蛋鸡产蛋减少甚至停产，病程较长，个别鸡消瘦，衰竭，陆续出现死亡。

（2）关节型痛风：发生较少，呈慢性经过，被侵害关节（腿、脚和翅膀各个关节）肿大、变粗，脚掌肿大，行走困难，病鸡出现跛行或瘫痪，最后衰竭而死。

3. **病变**

（1）内脏型痛风：尸体消瘦，肌肉呈紫红色，各脏器发生粘连，皮下、大腿内侧有白色石灰粉样沉积的尿酸盐，特别是在心包腔内、胸腹腔、肝、脾、腺胃、肌胃、胰脏、肠管和肠系膜等内脏器官的浆膜表面覆盖一层石灰样粉末或薄片状的尿酸盐；肾肿大，色淡，有白色花纹（俗称花斑肾），输尿管变粗，如同筷子粗细，内有尿酸盐沉积，有的输尿管内有硬如石头样的白色条状物（结石）。肠道黏膜和腺胃乳头出血明显。

（2）关节型痛风：打开肿胀的关节及部位，可见有白色胶样物蓄积。

（二）防治

1. **预防** 预防本病的关键是根据鸡的年龄、生产性能和全身状况调整蛋白营养，特别是严格遵守鸡产蛋期间蛋白营养的标准，必须注意蛋白质最低需要量，即维持机体氮平衡所必需的蛋白质数量。另外，要提供充足的饮水和新鲜青绿饲料，注意补充维生素A、维生素D。同时应注意磺胺类药物和小苏打的使用，这些药物长期或过量的使用，常是导致本病的发生的重要因素。

2. **治疗** 鸡群发病后，立即祛除病因，如减少饲料中的蛋白质含量，停喂豆饼一周，更换鱼粉；停止使用磺胺类药物；供给充足、清洁饮水和青绿饲料及多种维生素，加强运动，延长光照时间等。同时给鸡投喂肾宝或肾肿消加鱼肝油。如肾宝：用法用量为成鸡400只／袋，雏鸡、青年鸡600只／袋，拌料或用开水闷2小时，候温取其上清液饮服，所剩药渣拌于饲料中喂给，连用3~5天。新鱼肝油：用法为将本品200克对水600千克或拌料300千克，连用3~5天（可重复使用）。

肉鸡腹水症

关键技术

　　诊断：诊断本病的关键是病鸡的特征为腹腔内聚集有过多的浆液性体液。

　　防治：防治本病的关键是加强饲养卫生管理，注意饲料中各营养成分的平衡。对发病鸡进行对症治疗。

　　肉鸡腹水症是以浆液性体液过多地聚集在腹腔为特征的一种非传染性疾病。其发生与肉鸡的快速生长密切相关。主要危害快速生长的幼龄子鸡，最早见于出壳后3日龄子鸡，以4~5周龄多发。本病一年四季都可发生，但以冬季发生较多，寒冷季节死亡率明显增加。随着集约化养鸡业的发展，本病越来越多，已成为目前世界性肉鸡饲养业的严重新疾病之一。

（一）诊断要点

　　1. **病因**　引起肉鸡腹水症的病因很复杂，目前尚无定论，综合有关文献报道，可归纳以下几点。

　　（1）遗传因素：生长发育速度快，对氧和能量的需要高，同时肉鸡的红细胞体积大，血流不畅，易导致肺动脉高压及右心室衰竭，进而后腔静脉压升高，腹腔内的器官充血、水肿，肝、肾损伤，血液循环不良，血浆和体液渗出，形成腹水。

　　（2）慢性缺氧：由于肉鸡饲养密度过大，鸡舍通风不良，引起慢性缺氧，导致右心室肥大而衰竭。缺氧主要是高海拔地区肉鸡腹水症的主要原因。

　　（3）饲料因素：饲喂高能、高蛋白饲料，造成鸡的肝肾中毒和脂肪变性，导致肝脏坏死、硬化，形成肝腹水。饲喂粉料鸡群腹水症的发生率明显低于饲喂同样日粮的颗粒饲料的鸡群。

　　（4）营养、中毒等因素：营养缺乏或过剩，可引起腹水症，如硒、维生素E或磷的缺乏。日粮或饮水中食盐过量，高油脂饲料。消毒药或常用抗生素药物用量不当，有损心脏、肝脏机能，如呋喃唑酮、莫能菌素的过量。另外一些霉菌毒素中毒，如黄曲霉毒素中毒等，可引起肝、肾损伤，继发肝腹水，从而可导致腹水症的发生。

2. 症状 病鸡最明显的症状是腹部膨大，腹部皮肤紧张、变薄发亮，触摸有波动感。呼吸困难，鸡冠呈青紫色，反应迟钝，站立困难，以腹部着地，喜卧，行动缓慢，呈鸭步状或企鹅状走动，多因心力衰竭而死亡。

3. 病变 典型病变是腹腔积有大量清亮的、或淡黄色的液体，有的液体中混有纤维蛋白凝块。右心肥大，心肌松软，心壁变薄，有的可见心包积液。肝充血、肿大，淤血或萎缩变硬，表面常附有一层灰白色或淡黄色胶冻样薄膜。肺充血、水肿；肾充血、肿大，有尿酸盐沉积；肠充血，呈红色，肠管萎缩。

（二）鉴别诊断

对病鸡用注射器抽取腹水，其数量达8毫升以上者即可确诊为本病。对病死鸡可根据典型病变和腹腔积水量的多少确诊。很容易与其他病相区别。

（三）防治

1. 预防 预防本病的主要措施是加强饲养卫生管理合理搭配饲料，具体作法如下：

（1）改善鸡舍通风条件，减少二氧化碳和氨气，使鸡舍内有充足的氧气流通。

（2）对鸡舍和垫草加强卫生管理，注意防虫防霉。

（3）适当降低饲料日粮的粗蛋白含量与代谢能量，控制饲料摄取量，饲喂各种营养成分平衡的粉料，不用颗粒料。

（4）应控制饲料中钠的含量在0.2%以下，饮水中钠的含量应不超过0.1%。

（5）在日粮中添加硒、维生素E和维生素C，尤其注意维生素C的补充，提高白细胞活力，增强机体的抗病能力。

最后，对肉鸡采用限制光照时间，减缓增重速度；在高海拔地区（大于1 600～1 800米），饲养肉鸡时，要注意限制肉鸡生长速度，以减少本病的发生。

2. 治疗 发生本病后，采用多种抗生素、硒及维生素治疗无效，可采取对症治疗法：每只鸡口服50%葡萄糖液3～5毫升，每天2次，连服3天。口服双氢克尿噻液，每天每只鸡5毫升，每日2次，连服3天。

六、鸡杂症

鸡啄癖

关键技术

诊断： 诊断本病的关键是病鸡出现啄肛、啄羽、啄蛋、啄趾或啄头等癖。

防治： 防治本病的关键是加强饲养管理，合理配合饲料，及时断喙等，对病鸡及时隔离和对症治疗。

鸡啄癖有啄肛、啄羽、啄蛋、啄趾、啄头癖等。它是一种十分讨厌的行为，一旦个体发生，则一个学一个而形成恶癖，并导致损伤，常引起死亡和产蛋量下降。

（一）诊断要点

1. 病因 鸡啄癖发生的原因非常复杂，其最主要的原因是由于饲养管理不当，饲喂、饮水间隔不足，鸡群密度过大，饲料搭配不当，特别是当饲料中缺乏某些必需的营养物质时，均会发生啄癖。鸡舍通风不良，温度过高，湿度过大，鸡舍和笼内光线太强，体外寄生虫的侵袭，皮肤外伤出血，母鸡输卵管脱垂或脱肛，都是啄癖发生的诱因。

2. 症状

（1）啄肛：是最常见的啄病之一。雏鸡不断啄食病雏肛门，造成肛门损伤和出血，严重时可因肠管被啄食而死亡。其他雏鸡因此而形成恶习，经常啄肛。

产蛋鸡多因鸡舍光线太强，鸡群密度过大，产蛋箱不足，产蛋过早，蛋个大，营养过剩，腹部脂肪蓄积，产蛋后泄殖腔回缩迟缓，泄殖腔外翻，被其他待产母鸡看到后就会纷纷去啄食，致使鸡群在每日上午10点至下午16点之间常出现啄肛，并造成鸡只死亡（多数发生在每日产蛋高峰期）。

（2）啄羽：常表现为自食羽毛，互相啄食羽毛，有的鸡被啄去尾羽、背羽，几乎成为"秃鸡"或被啄得鲜血淋淋。

（3）啄蛋：主要发生在产蛋鸡群，当饲料中钙（石粉、骨粉）或蛋白质缺乏，捡蛋不及时易发生啄蛋，时间长会形成恶癖。在鸡笼下常有破碎的蛋壳和流出的蛋清、蛋黄。

（4）啄趾：多见于雏鸡，因喂养不当（饥饿，饲料槽太少，温度低，鸡常积堆吃不上食）或饲料缺乏，致使鸡在笼中寻找食物而引起，造成自己啄自己或啄其他雏鸡的趾（误认为是虫），引起出血或跛行。

（5）啄头：多因打斗或冠、肉髯被鸡笼碰破而诱发本病。鸡有见红色就啄的习性，当鸡冠和肉髯碰破流血就会纷纷来啄。

（二）诊断

临床发现啄食恶癖现象即可确诊。

（三）防治

1. 预防

（1）注意饲养管理条件：鸡群不能过于拥挤，经常清扫，大群最好分群饲养。育雏室温度要适当，幼鸡应有宽敞的活动场地，能够得到充分的运动。

（2）定时饲喂：每日固定喂食时间，不要过晚，供给充足饮水，可防止啄癖发生。

（3）合理配合饲料：不能饲喂单一饲料，特别是某些重要的氨基酸、矿物质和维生素不可缺乏。

（4）及时断喙：断喙是防止啄癖的一种较好的方法。可用断喙器，操作方法既简单又不受感染。

（5）增设产卵箱：母鸡舍内设置产卵箱，可以防止啄蛋癖和啄肛癖的发生。

2. **治疗**　鸡群发生啄癖后，应根据发生的原因，立即采取适当的措施，加以制止。最主要的措施是改进饲养管理条件，同时及时隔离和对症治疗。

（1）改进饲养管理条件：见预防措施。

（2）及时隔离：对已有啄癖的鸡及时挑出、隔离，对已被啄食的鸡也要及时挑出、隔离，以防恶习蔓延。

（3）及时对症治疗：对因饲料中硫酸钙不足引起的啄羽癖，可在饲料中加入硫酸钙粉剂（把天然石膏磨成粉末即可），每只鸡每日喂给0.5～3克，效果很好，啄羽癖很快消失；对因饲料中缺少矿物质或食盐而引起的啄趾、啄肛或啄翅等恶癖，采用食盐疗法可治愈，在谷物饲料中补加适量食盐，可使恶癖很快消失，但不能长期饲喂，否则易发生食盐中毒；对因啄趾癖而造成脚爪受伤的鸡，可在其脚爪上涂松馏油或木馏油。

鸡惊恐症

关键技术

　　诊断：诊断本病的关键是病鸡品种为来航鸡，其特征是病鸡极端神经质、惊恐和间歇惊群。

　　防治：防治本病的关键是加强饲养卫生管理，合理搭配饲料。

鸡惊恐症是青年来航鸡和成年来航鸡的一种神经惊恐疾病，其特征是极端神经质、惊恐和间歇惊群。

（一）诊断要点

1. **病因**　本病的发生可能与下列因素有关：

（1）饲料中缺乏蛋白质及维生素，尤其是维生素E、B族维生素（维生素B1、烟酸）。

（2）与遗传因素有关，隐性遗传因子是发病的因素。

（3）鸡爪创伤所造成的伤痛可使高度敏感的鸡群发生本病。

（4）外界环境的异常刺激、惊吓所致。如饲养人员突然改变衣着或突然更换饲养人员或陌生人进入鸡舍，或由于鸡舍内突然进入其他动物，如蛇、老鼠、狗、猫、鸟等，或突然的响动、炮竹、锣鼓、汽车鸣笛等因素。

2. **症状** 患病鸡群发作时，表现惊恐万分，跳跃冲笼，又跑又飞，并发出"咯咯"的怪叫声。体重减轻，产蛋量下降，产软壳蛋或无壳蛋，有时还出现换羽或有一定数量的鸡死亡。

3. **病变** 由于卵黄落入腹腔而出现卵黄性腹膜炎病变。

（二）诊断

通过病因调查，结合临床症状即可做出诊断。

（三）防治

防治本病的关键是加强饲养卫生管理，减少外界环境的刺激、惊吓，防止鸡爪受伤。合理搭配饲料，饲料中应当含有丰富的蛋白质和维生素，尤其是维生素E、B族维生素（维生素B_1、烟酸）。

鸡中暑

关键技术

诊断： 诊断本病的关键是病鸡表现各种神经机能紊乱，出现呼吸急促，张口喘气，两翅张开，体温升高达45～46℃，足趾麻痹，不能站立，最后惊厥昏迷而死。

防治： 防治本病的关键是改善鸡的饲养管理条件，尤其是在炎热天气和长途运输过程中应注意给鸡降温和供给充足的饮水。

鸡中暑又称鸡热衰竭，是日射病和热痉挛的总称。由于外界环境中光、热、湿度等因素对机体的侵害，导致体温调节功能障碍等一系列病理过程。

（一）诊断要点

1. **病因** 鸡在炎热的天气常易发生本病。鸡由于皮肤缺乏汗腺，惟一的散热途径是张口呼吸和伸展翅膀，所以当鸡在气温高、湿度大的环境中，加上密度过大，通风不良，长时间闷热，得不到充足的饮水时；或在密闭、拥挤的长途运输的车船中时间较长，都可使鸡发生本病。

2. **症状**　病鸡表现各种神经机能紊乱，出现呼吸急促，张口喘气，两翅张开，体温升高达45～46℃，精神沉郁，足趾麻痹，不能站立，最后惊厥昏迷而死。

3. **病变**　剖检病死鸡可见大脑脑膜充血，点状出血。胸肌色泽像用开水煮过，胸腔呈红色，产蛋鸡有时有未排出的蛋。

（二）诊断

根据发病季节、气候及环境条件，结合病鸡的临床症状和病变即可做出诊断。

（三）防治

防治本病的关键是改善鸡的饲养管理条件，尤其是在炎热天气和长途运输过程中应注意给鸡降温和供给充足的饮水。

鸡脱肛

关键技术

诊断：诊断本病的关键是肉眼可见鸡的泄殖腔脱垂，严重者输卵管也脱垂在肛门外。

防治：预防本病的关键是加强饲养管理，合理配合饲料。鸡发生脱肛后，应立即进行整复，否则会引起啄癖。

鸡脱肛是指鸡的泄殖腔脱垂，严重者输卵管也脱垂在肛门外。本病多发于高产母鸡，尤其是当年开产的母鸡多见。

（一）诊断要点

1. **病因**　发生本病的原因主要有以下几种情况：①鸡产蛋过多，输卵管内分泌物不足或产过大的双黄蛋时，鸡过分用力努责或产蛋后泄殖腔还未恢复，即受惊而跑出产蛋箱。②输卵管或肛门发生炎症，病鸡为了排出刺激物而增强努责，或鸡受啄食的刺激过分努责。③鸡便秘时，排粪过度用力而造成脱肛。④脱肛与鸡的品种和光照等因素有关。

2. **症状** 病鸡脱肛初期，肛门周围的羽毛呈湿润状，有时从泄殖腔内流出白色或黄色黏液粪便，以后即可见肉红色的泄殖腔脱出，时间稍长，脱出的部分变为暗红色，甚至发绀，如果不及时治疗，可引起炎症、水肿、溃烂。还可引起啄癖，被同群鸡啄食而死，有时连同肠子被啄出。笼养鸡最容易发生。

（二）防治

1. **预防** 预防本病的关键是加强饲养管理，日粮中加入20%～30%的青绿饲料。在进入产蛋高峰期之前，应当减少日粮中的动物性蛋白质饲料，增加青绿饲料。让鸡增加运动，多晒太阳。

2. **治疗** 鸡一旦发生脱肛，应立即隔离饲养，生理盐水热敷肛门，以减轻充血和水肿，再用0.1%高锰酸钾水洗净，用消毒的手缓缓将其推回原位，若再次脱出，再次整复，反复进行，对患病早期的鸡可治愈。对较顽固的脱肛鸡，可将脱出部分送回原位，然后用线将肛门缝合，留一排粪口，过2～3天再将缝合线拆除，可取得较好的效果。对经常发生脱肛的鸡群，可用0.2%硫酸镁饮水，连用3～5天，效果很好。

鸡冠癣

关键技术

诊断： 诊断本病的关键是在病鸡头部的无毛处，特别是在鸡冠上生长一种黄白色鳞片的顽癣，严重时可蔓延到颈部和躯体，羽毛发生脱落。

防治： 预防本病的关键是加强饲养卫生管理，防止病菌的传播。治疗用碘甘油等涂擦。

鸡冠癣又称黄癣，是鸡的一种真菌性皮肤病。本病病原为鸡头癣菌。

（一）诊断要点

1. **病因** 本病主要发生于鸡，偶尔见于火鸡和其他禽类。6月龄以内的小鸡很少发生。重型品种鸡较易感染。

本病的传播途径主要是通过皮肤伤口（如蚊虫咬伤、擦伤），也可通过鸡只之间的直接接触而相互感染。鸡群拥挤、通风不良，病鸡脱落的鳞屑和污染用具等均可使疾病广泛传播。夏、秋多雨季节可促使本病发生和传播。

2. 症状　与病变病变由受损害的冠部开始，形成一种白色或灰黄色的圆形斑块或小丘疹。皮肤表面出现鳞屑如撒上一层麸子状，逐渐蔓延到整个冠、肉髯、眼睑耳部，严重者可蔓延至躯体有毛处，使羽毛脱落。随着病程的发展，鳞屑增多，继而形成厚的结痂，皮肤发痒疼痛，病鸡表现不安、精神委顿、瘦弱、贫血、黄疸，母鸡产蛋量下降。

剖检见食道上部和气管黏膜出现上皮坏死和凝块。在嗉囊、小结肠、肺和支气管，有时也可见类似的病变。

（二）防治

加强饲养卫生管理，当鸡场由外地购入鸡时，必须进行严格检疫，严防将病菌带入鸡场。在鸡群中一旦发现病鸡，必须及时隔离，对鸡舍必须进行彻底消毒。淘汰严重的病鸡，对淘汰鸡集中加工处理。轻症的病鸡进行隔离治疗。治疗时必须先将患部用肥皂水清洗表面的结痂及污垢，然后将福尔马林软膏、碘甘油或10%水杨酸软膏等药物涂于患部。

鸡肌胃糜烂症

关键技术

诊断： 诊断本病的关键是病鸡出现肌胃角质膜糜烂、溃疡。

防治： 预防本病的关键是加强饲养管理，及时发现病鸡，及时确定病因。治疗的原则是及时祛除病因，同时给鸡饮用0.2%碳酸氢钠液，对重病鸡注射维生素K等。

鸡肌胃糜烂症是鸡以肌胃角质膜糜烂、溃疡为特征的一种非传染性疾病。本病主要发生于肉鸡，其次为蛋鸡和鸭子，2周龄至2.5月龄的鸡多发，呈散发性，成年鸡往往是零散单个发生。

（一）诊断要点

1. **病因** 本病的发生多是由于饲料中长期缺乏维生素B_6、维生素K所致，饲喂存放过久或劣质的鱼粉也可导致肌胃糜烂。另外，饲料中鱼粉含量过高也是引起本病的主要原因。根据调查的结果发现，发病鸡的日粮中鱼粉含量多在12%以上，还没有见到饲料中鱼粉含量在8%以下的发病鸡。

2. **症状** 病鸡精神委顿，不爱活动，食欲减少或废绝，鸡冠或肉髯发绀，嗉囊肿胀，外观呈淡褐色或淡黑色，口吐米饭汤样物或黑褐色物，排棕色至黑褐色稀便，突然死亡。肉鸡死亡率达0.3%～2.4%，有时可达30%～60%。

3. **病变** 病变主要在肌胃。肌胃膨大，胃壁变薄、松软，内容物稀薄为米汤样物或黑褐色物，肌胃角质膜变成黑色，皱壁增厚，外观如树皮样。严重病例肌胃角质膜糜烂、溃疡甚至造成穿孔。

（二）防治

1. **预防** 加强饲养管理，严格控制日粮中鱼粉的含量，更不要饲喂腐败发霉的鱼粉。平时注意观察鸡群，对个别病鸡、死鸡及时剖检，如发现肌胃糜烂时应分析致病的原因，如果是鱼粉造成的，应立即改变日粮品种构成；如果是维生素B_6和维生素K缺乏，应及时补充维生素。另外，平时在每千克饲料中添加维生素B_6 3～7毫克，维生素C 30～50毫克，维生素K_3 2～8毫克，维生素E 5～20毫克，可预防本病的发生。

2. **治疗** 鸡发病后，立即停喂鱼粉和抗生素。病初在饮水中投入0.2%的碳酸氢钠液，每天早晚各1次，连用2天。对病重鸡，每只肌肉注射止血敏50～100毫克和维生素K 0.5～1毫克，每天2次，连用4天。另外，有人在每千克饲料中加入0.5克的甲氰咪胍，可有效抑制本病的发生。

七、鸡中毒性疾病

鸡食盐中毒

关键技术 ————————————————

诊断：诊断本病的关键是病鸡出现渴欲强烈（饮水量大增）、水样腹泻和共济失调等特征。

防治：防治本病的关键是饲料中添加食盐要适量，鸡群一旦发病，应立即停喂食盐或含盐量多的饲料，同时供给充足的饮水或葡萄糖水。

鸡食盐中毒是由于食盐采食量过大而引起的以渴欲强烈（饮水量大增）、水样腹泻和共济失调为特征的中毒性疾病。

（一）诊断要点

1. **病因**　鸡对食盐的需要量，占饲料的0.25％～0.5％，以0.37％最为适宜。如果在配合饲料时食盐用量过大，使用的鱼粉中含盐量过高或限制饮水不当，即可引起鸡的毒性反应，甚至死亡。当雏鸡饲料中含盐量达0.7％，成年鸡饲料中含盐量达1％时，可以引起明显的口渴和粪便含水增多；当雏鸡饲料中含盐量达1%，成年鸡饲料中含盐量达3%时，能引起鸡大批中毒死亡。

2. 症状 雏鸡比成年鸡更易发病。病初，病鸡表现惊慌不安，极度兴奋，尖叫，易惊群；食欲减少，渴欲强烈，饮水量大增，嗉囊扩张，充满液体，低头可见口、鼻流出黏液分泌物，水样腹泻；病鸡运动失调，时而转圈，时而倒地，步态不稳；呼吸困难，肌肉抽搐；后期呈昏迷状态，最后衰竭而死。

3. 病变 病变主要在消化道，表现为腺胃黏膜充血，小肠前段充血或出血，甚至全肠管充血。病程较长者，可见到皮下水肿，腹腔和心包积液，心脏有小出血点；脑膜血管充血。

（二）诊断

通过病因调查（饲料配比情况及饲养管理情况）、临床症状，结合剖检病变，即可做出临床诊断。

（三）防治

防治本病的关键是饲料中添加食盐要适量，鸡群一旦发病，应立即停喂食盐或含盐量多的饲料，同时供给充足的清洁饮水或一些葡萄糖水，可使中毒不严重的鸡恢复正常。

鸡硝酸盐与亚硝酸盐中毒

关键技术

诊断： 诊断本病的关键是病鸡出现口渴、腹泻、肌肉松软和皮肤青紫等征。

防治： 防治本病的关键是防止硝酸盐化肥散乱放置，鸡一旦发病，应立即给鸡充足饮水或汁多的青绿饲料或用甲苯胺蓝治疗。

鸡硝酸盐中毒与亚硝酸盐中毒是由于误食硝酸盐而引起的以口渴、腹泻、肌肉松软和皮肤青紫为特征的中毒性疾病。

（一）诊断要点

1. 病因 常用的化肥硝酸钾和硝酸钠，偶尔被鸡误食而发生中毒。

若误食3.9～4.5克时，可使鸡死亡。鸡摄食了腐烂的青绿饲料可发生亚硝酸盐中毒。

2．**症状**　病鸡表现口渴，食欲减少，腹泻，体温下降，心跳变慢，肌肉松软，冠、肉髯和皮肤青紫色，最后发生麻痹、昏迷而死。个别鸡临死前还出现惊厥。轻度中毒的鸡仅表现消化紊乱和腹泻。

3．**病变**　剖检中毒鸡可见不同程度的胃肠炎症和出血，心、肝和肾的实质可发生变性。

（二）诊断

根据病因调查、临床症状和剖检病变进行综合判断，即可做出临床诊断。

（三）防治

防治本病的关键是防止硝酸盐化肥散乱放置，避免青绿饲料堆放发热或保存不好腐烂产生亚硝酸盐。鸡一旦发病，应立即给鸡充足饮水或汁多的青绿饲料，或用特效解毒剂甲苯胺蓝治疗，每千克体重5毫克进行肌肉注射。

鸡呋喃类药物中毒

关键技术

诊断：诊断本病的关键是病鸡的腺胃、肌胃内容物呈深黄色和共济失调等特征。

防治：防治本病的关键是严格按使用说明应用呋喃类药物，在饲喂过程中注意药物在饲料或饮水中的均匀度，鸡中毒后，立即停药，并投喂葡萄糖水、B族维生素、维生素C等。

鸡呋喃类药物中毒是由于呋喃类药物使用不当而引起的以腺胃、肌胃内容物呈深黄色和共济失调为特征的中毒性疾病。

（一）诊断要点

1．**病因**　常用的呋喃类药物有呋喃西林、呋喃唑酮（痢特灵）和呋喃坦啶（呋喃妥因），以呋喃西林毒性最大。目前呋喃唑酮应用最广，常用于治疗鸡球虫病、盲肠肝炎、鸡白痢、禽伤寒和副伤寒等病，在饲料中预防用的浓度为0.005%～0.01%，治疗用的浓度为0.04%，连用不超过7天。如药量过大或使用时间过长，拌料不均匀，易引起中毒，尤其雏鸡特别敏感。饲料中浓度达0.1%或每千克体重用药达150毫克，即可发生中毒。4周龄雏鸡饲料中用大于0.05%痢特灵连喂1周，可发生大批中毒死亡。

2. **症状**　发病快，病鸡表现精神呆滞，闭眼，食欲减退或停止，有的兴奋不安，很快出现神经症状：运动失调，步态不稳，无目的向前奔跑，或头颈伸直，用喙触地，或作旋转运动，角弓反张，痉挛等，中毒严重的在出现症状后10多分钟就死亡。

3. **病变**　口腔黏膜黄染，消化道内容物呈深黄色，肌胃角质膜易剥离，肠黏膜充血、出血，肝脏淤血肿胀，心肌变硬，有出血点。

（二）鉴别诊断

根据病因调查、临床症状和剖检病变进行综合判断，即可做出临床诊断。

（三）防治

用呋喃类药物防治疾病时，必须按使用说明计算好用量，如果与饲料混合，一定将药物均匀的拌入饲料中，如果混入饮水中，必须充分搅拌、溶解，以免药物沉淀在饮水器底部，引起中毒，连续用药一般不能超过7天。在用药期间，必须经常观察鸡群的状况，若有中毒现象，应立即停止用药，同时，投喂5%葡萄糖水、B族维生素、维生素C等。另外，也有人报道，尽早尽快地给中毒鸡饮用0.01%高锰酸钾溶液，有较好的效果。

鸡磺胺类药物中毒

关键技术

诊断：诊断本病的关键是病鸡出现共济失调、肌肉出血、肝肾肿大并有坏死灶或出血点等特征。

防治：防治本病的关键是严格按使用说明应用磺胺类药物，避免滥用，更不能随意加大剂量。鸡中毒后，立即停药，让鸡多饮水，并服用碳酸氢钠。

鸡磺胺类药物中毒是由于磺胺类药物使用不当而引起的以共济失调、肌肉出血、肝肾肿大并有坏死灶或出血点为特征的中毒性疾病。

（一）诊断要点

1. 病因 磺胺类药物是治疗鸡的细菌性疾病和球虫病的常用广谱抗菌药物，临床上常用的此类药物有畜禽安、敌菌净等，鸡对磺胺类药物比较敏感，尤其是雏鸡。如果使用不当（用药量过大、投喂时间过长或拌料不均匀），即可引起中毒。其毒性作用主要是损害肾脏，同时能导致黄疸、过敏、酸中毒和免疫抑制等。1月龄以下雏鸡饲喂含0.25%～1.5%磺胺嘧啶的饲料1周或口服0.5克磺胺类药物后，即可出现中毒现象。

2. 症状

（1）急性中毒：表现兴奋不安或精神沉郁，食欲锐减或废绝，呼吸急促，冠髯青紫，腹泻，共济失调，肌肉震颤，惊厥，短时间内死亡。

（2）慢性中毒：多由于用药时间过长，表现精神不振，口渴，食欲减退，鸡冠苍白，时而便秘，时而下痢，粪便呈酱油色，有时呈灰白色。成年鸡的产蛋量急剧下降，出现软壳蛋、薄壳蛋。

3. 病变 以鸡主要器官均有不同程度的出血为特征，皮下、冠、眼睑有大小不等的出血斑，胸肌呈弥漫性斑点状或刷状出血，腿肌亦有散在出血斑；血液稀薄，凝固不良，肝脏肿大，呈紫红色或黄褐色，表面有少量出血斑点或针头大的坏死灶，坏死灶中央凹陷呈深红色，周围呈灰色；肾肿大，呈土黄色，表面有紫红色出血斑，输尿管变粗，充满白色尿酸盐；腺胃黏膜、肌胃角质膜下及小肠黏膜出血，心内膜出血，肺淤血。

（二）鉴别诊断

根据病因调查（有用药史）、临床症状及剖检病理变化即可做出临床诊断，很容易与其他病相区别。

（三）防治

严格按使用说明应用磺胺类药物，避免滥用，更不能随意加大剂量。鸡中毒后，应立即停药，尽量让鸡多饮水，并服用1%～5%的碳酸氢钠溶液，也可饮用车前草水，加适量碳酸氢钠，促进药物尽早排出鸡体，减少形成磺胺结晶。在早期还可饮用甘草糖水进行一般解毒，并加大饲料中维生素K、B族维生素的含量。

鸡有机磷农药中毒

关键技术

诊断：诊断本病的关键是病鸡表现口流黏液、肌肉震颤无力、呼吸困难和胃内容物有大蒜味等特征。

防治：防治本病的关键是注意有机磷农药的保管、贮存和使用。鸡中毒后，应立即注射解磷定、双复磷或饮用肥皂水、碳酸氢钠、高锰酸钾等。

鸡有机磷农药中毒是由于误食有机磷农药而引起的以口流黏液、肌肉震颤无力、呼吸困难和胃内容物有大蒜味等为特征的中毒性疾病。

（一）诊断要点

1. 病因　有机磷农药种类很多，常用的有1605、1059、3911、乐果、敌敌畏、敌百虫、马拉硫磷、二嗪农（地亚农）等，家禽对这类农药特别敏感。其中，毒性最强的是3911、1059、1605。目前此类农药已很少见到。敌百虫毒性较低，鸡每千克体重口服10毫克可引起中毒反应，服70毫克即可致死。

鸡有机磷农药中毒，常见于鸡舍内用敌敌畏灭蚊、用敌百虫溶液杀灭鸡体外寄生虫时药物浓度过大，浸洗时间过长，或误食了被有机磷农药污染的青绿饲料或饮水而发生中毒。

2. 症状　突然发病，病鸡不食，口角流出大量黏液，频频作吞咽动作，流泪，下痢，站立不稳，肌肉震颤和无力，呼吸困难，鸡冠呈青紫色，最后倒地、抽搐、昏迷而死。

3. 病变　胃内容物有大蒜味，胃肠黏膜出血、溃疡，有时脱落，肝、肾肿大，质脆，呈脂肪变性。

（二）诊断

通过病因调查（有用药史），结合临床症状及剖检病理变化即可做出临床诊断。紧急时可作治疗性诊断，即皮下或肌肉注射常用量阿托品，如是有机磷中毒，则在注射后30分钟内症状缓解（口腔黏液明显减少，肌肉震颤减弱或消失）；否则出现口干、瞳孔散大、心率加快等现象。

（三）防治

防治本病的关键是注意有机磷农药的保管、贮存和使用。鸡场附近应禁止使用或存放此类农药。禁止在使用过农药的农田附近放牧。鸡中毒后，应立即每只鸡每次肌肉注射解磷定0.2～0.6毫升，有特效。也可皮下配合注射硫酸阿托品，每次0.2～0.5毫升，可缓解症状。对口服中毒的病鸡，应立即饮用1%肥皂水、4%碳酸氢钠水溶液、0.01%～0.03%高锰酸钾水溶液，这样有机磷遇到碱性物质后很快分解而失去毒力。但敌百虫遇碱能产生毒性更强的敌敌畏，所以敌百虫中毒时，不能用碱性解毒剂。对硫磷中毒鸡，禁止用高锰酸钾解毒，因其能氧化成毒性更强的对氧磷。

鸡砷中毒

关键技术

诊断：诊断本病的关键是病鸡表现共济失调、口流恶臭液体和消化道黏膜出血等特征。

防治：防治本病的关键是禁止鸡接近施用过含砷农药的田间和毒饵。治疗用氧化镁、高锰酸钾、硫酸铁、含糖氧化铁或二巯基丙醇。

鸡砷中毒是由于误食了砷制剂而引起的以共济失调、口流恶臭液体和消化道黏膜出血等为特征的中毒性疾病。

（一）诊断要点

1. 病因　引起中毒的砷制剂主要是作为杀虫剂或灭鼠剂的含砷农药。常用的砷化合物有10多种，按其毒性大小分为3类，剧毒的有三氧化二砷（砒霜、信石、无水亚砷酸）、亚砷酸钠和砷酸钙；强毒的有砷酸铅、退菌特；低毒的有巴黎绿（乙酰亚砷酸铜）、甲基硫砷（苏化911、苏阿仁）、甲基砷酸钙（稻宁、一治青二号）、砷铁铵（田安）和甲砷钠等。

鸡的砷中毒主要是误食了被砷农药污染的青绿饲料、蔬菜和被含砷农药毒死的昆虫或灭鼠剂而引起，如果砷含量达0.26～0.39克，可使鸡死亡。

2. 症状　中毒的病鸡表现翅膀下垂，运动失调，头部痉挛，向一侧扭曲，冠髯呈青紫色，从口中流出恶臭的水样液体，时而下痢，粪便带血，体温偏低，最后因心力衰竭、麻痹、昏迷而死。

3. **病变** 胃肠道充血、出血、水肿，肌胃角质膜易剥离，其下面的胃黏膜上有出血和胶样渗出物。肝脏质地变脆，呈黄棕色，有出血斑点。肾肿大，发生变性。慢性中毒时还可见到心脏增大，心肌松软，血液呈水样，深红色，不易凝固。

（二）诊断

可用铜片反应法检测胃内容物及可疑饲料，如铜片显灰黑色即可确诊。

（三）防治

防治本病的关键是禁止鸡接近施用过含砷农药的田间和毒饵。对急性中毒的鸡，可饮服2％氧化镁溶液或0.03％高锰酸钾溶液。也可内服硫酸铁、含糖氧化铁。如果砷化物已经被吸收，可及时应用二巯基丙醇，按0.1毫克／千克体重分点肌肉注射，以后间隔4小时用药一次，剂量减半，第二天酌情减量。

鸡喹乙醇中毒

关键技术

诊断： 诊断本病的关键是病鸡出现中毒症状后无法救治和停药后死亡持续时间长为特征。

防治： 防治本病的关键是禁止喹乙醇与其他抗生素混用或同时使用，严禁过剂量和长时间使用，拌料要均匀。鸡群一旦中毒，立即停药，但对中毒鸡无法治疗。

鸡喹乙醇中毒是由于喹乙醇使用不当而引起的以出现中毒症状后无法救治和停药后死亡持续时间长为特征的中毒性疾病。

（一）诊断要点

1. **病因** 喹乙醇又称快育灵、倍育诺或喹酰胺醇，该药具有广谱高效的抗菌能力和促进生长、提高饲料转化率的作用。由于喹乙醇与其他药的拮抗问题还有待查清，欧洲共同体明确指出：不能与任何抗生素混用或同时使用。

喹乙醇在养鸡业中的应用主要有两方面，一是作为肉用子鸡的饲料添加剂连续应用，用量为25～30克／千克饲料，有抗菌、助生长、提高饲料转化率的作用；二是用于治疗禽霍乱（禽巴氏杆菌病）、鸡白痢及大肠杆菌病等，用量为160～200克／千克饲料，进行全群预防性投药，或按每千克体重5毫克，每日2次，连用3天，停药3天后，必要时再重复给药3天。如果喹乙醇使用剂量过大、连续饲喂时间过长。拌料不均匀或与其他抗生素混合或同时使用，即可引起中毒。

喹乙醇中毒的特点：超大剂量用药几小时后出现死亡，容易诊断；中等剂量中毒需积累时间，而且对细菌性疾病有几天好转期，紧接着中毒期来临，无法控制，用任何药物都无效，死亡逐渐增多，停药后仍持续死亡半月左右，而且临床症状和剖检变化与许多传染病相似，很容易造成误诊。

2. **症状**　中毒鸡精神沉郁，缩颈闭目，离群呆滞，口干喜饮，采食减少或不食，冠髯变为暗红或黑紫色，粪便干燥呈短棒状，或拉绿色稀粪。轻度中毒时，发病迟缓，大剂量中毒时，可在数小时内发病，一般在1～7天死亡。

3. **病变**　口腔中有大量黏液，血液凝固不良；心冠脂肪和心肌表面有散在出血点；腺胃乳头轻度出血，肌胃角质层下有出血斑点；十二指肠甚至整个小肠黏膜呈弥漫性出血，肠管变细，泄殖腔弥漫性出血；肝、肾肿大，肝脏质脆，有出血斑点。有的腿部肌肉亦有出血斑点。

（二）鉴别诊断

在诊断时应注意与鸡新城疫、鸡传染性法氏囊病和鸡巴氏杆菌病相鉴别。

喹乙醇中毒死亡病例，腺胃乳头出血，泄殖腔出血等酷似鸡新城疫病变，但血球凝集反应（HA）试验阴性，可与鸡新城疫相鉴别。喹乙醇中毒出现的肌肉出血，腺胃与肌胃交界处有出血、溃疡等酷似鸡传染性法氏囊病，但法氏囊不肿大，琼扩试验阴性，死亡持续十几天，可与鸡传染性法氏囊病相区别。

喹乙醇中毒时各脏器及心冠脂肪出血，心包积液，肝出血并有坏死点，十二指肠弥漫性出血等与鸡巴氏杆菌病相似，但细菌检查阴性，可与鸡巴氏杆菌病相鉴别。

（三）防治

防治本病的关键是禁止喹乙醇与其他抗生素混用或同时使用，严禁过剂量和长时间使用，拌料要均匀。目前无特效解毒药，鸡群一旦中毒，立即停止饲喂含喹乙醇的饲料，让鸡自由饮用5%多维葡萄糖水，并尽量减少应激。

鸡磷化锌中毒

关键技术

诊断：诊断本病的关键是病鸡的消化道内容物发出大蒜味的磷臭为特征。

防治：防治本病的关键是防止磷化锌污染饲料，严防鸡接近毒饵。

鸡磷化锌中毒是由于误食磷化锌引起的以消化道内容物发出大蒜味的磷臭为特征的中毒性疾病。

（一）诊断要点

1. **病因** 磷化锌有剧毒，通常按5%比例制成毒饵灭鼠。鸡常因误食毒饵或吃了沾染磷化锌的饲料而中毒。

2. **症状** 严重中毒时，不出现任何症状突然死亡。中毒较轻时，病鸡由于胃肠炎而流口水，口中有大蒜臭味，腹泻，粪便混有血液，呼吸困难，走路不稳。

3. **病变** 病死鸡有心包积液和腹水，十二指肠发炎，剪开嗉囊和肌胃时，内容物散发出一种刺鼻的酸臭大蒜味，将内容物放置在暗处时，可见有磷光。肝、肾等实质器官发生变性、坏死。

（二）鉴别诊断

根据胃内容物散发出刺鼻的酸臭大蒜味，并将内容物放置在暗处可见有磷光即可确诊，很容易与其他病相区别。

（三）防治

防治本病的关键是防止磷化锌污染饲料，严防鸡接近毒饵。鸡中毒后，无特效解毒法。如能早期发现，可灌服0.2%～0.5%硫酸铜溶液，使其催吐的同时，与磷化锌形成不溶性的磷化铜，从而阻止吸收而降低毒性。同时，可静脉注射25%葡萄糖液和氯化钙溶液。

鸡一氧化碳中毒

关键技术

诊断： 诊断本病的关键是病鸡出现神经症状，血液和全身组织器官呈鲜红色或樱桃红色，肺脏气肿。

防治： 防治本病的关键是应经常检查鸡舍和育雏室的取暖设施，防止烟囱漏烟、漏气或倒烟，育雏室要设通风孔和风扇，保持通风良好。鸡群中毒后，应立即打开鸡舍门窗，并将病鸡移至新鲜空气处，对病重鸡注射生理盐水、等渗葡萄糖和强心剂。

鸡一氧化碳中毒是由于鸡吸入一氧化碳气体引起血液中形成大量碳氧血红蛋白，造成全身组织缺氧的中毒性疾病。

（一）诊断要点

1. **病因**　一氧化碳俗称煤气，是煤炭在氧气不足的情况下燃烧所产生的气体，无臭无味，此时燃烧的火焰呈蓝色。一氧化碳中毒主要发生在冬季鸡舍或育雏室烧煤取暖加温，加上室内通风不良，或暖炕裂缝、烟囱堵塞、倒烟等原因造成舍（室）内空气中的一氧化碳浓度增高所致。鸡舍内含有0.1%～0.2%一氧化碳时，可引起中毒；超过3%时可使鸡窒息死亡（有资料报道，一般0.04%～0.05%的一氧化碳即足以引起中毒，幼鸡在含0.2%的一氧化碳环境中2～3小时即可中毒死亡）。对长期饲养在低浓度一氧化碳环境中的鸡可造成生长迟缓、免疫功能下降等慢性中毒，也应引起重视。

2. **症状**　中毒较轻时，表现精神沉郁，食欲减退，羽毛粗乱，生长迟滞。急性的严重中毒，表现呼吸困难，嗜睡，呆立，运动失调，或倒于一侧，头向后仰，临死前发生痉挛，最后昏迷窒息而死。

3. **病变**　剖检急性中毒病雏，可见血液和脏器、组织黏膜和肌肉呈鲜红色或樱桃红色，肺脏气肿，色鲜红。亚急性中毒的不见明显病变。

（二）防治

防治本病的关键是应经常检查鸡舍和育雏室的取暖设施，特别是在冬春季，防止烟囱漏烟、漏气或倒烟，育雏室要设通风孔和风扇，保持鸡舍内通风良好，一定有专门管理人员，避免一氧化碳在室内蓄积中毒。鸡群中毒后，应立即打开鸡舍门窗，排出一氧化碳，并尽快将病鸡移至新鲜空气处，呼吸新鲜空气，即可逐渐好转。对中毒严重的鸡注射生理盐水、等渗葡萄糖和强心剂，维持心脏和肝脏的功能。

鸡黄曲霉毒素中毒

关键技术

诊断：诊断本病的关键是病鸡表现贫血、消瘦、黄疸、肝肿大或肝硬化等特征。

防治：防治本病的关键是不喂发霉饲料，特别是不喂发霉的玉米，防止存放的玉米发生霉变。鸡群发病后，应立即停喂可疑饲料及清除可疑垫料等病因，及时投服硫酸镁等盐类泻剂，供给充足的青绿饲料和维生素A。同时用制霉菌素或克霉唑等药物治疗。

鸡黄曲霉毒素中毒是由于采食了大量的含有黄曲霉毒素的饲料而引起的以贫血、消瘦、黄疸、肝肿大或肝硬化为特征的中毒性疾病。

（一）诊断要点

1. **病因** 黄曲霉毒素是黄曲霉菌和寄生曲霉菌的某些菌株（产毒菌株），在基质中生长繁殖过程中的代谢产物之一。目前已知的有B1、B2、G1、G2等16种，其中B1毒性最强。对畜禽和人类都有毒性，主要损害肝脏，并有很强的致癌作用。黄曲霉菌广泛存在于自然界中，禽类对本菌的敏感性顺序为鸭雏＞火鸡雏＞鸡雏＞日本鹌鹑。鸡的中毒，主要发生在2～6周龄的雏鸡，常常表现为急性或慢性肝中毒；致癌需要较长的过程，仅个别鸡发生。

2. 症状

（1）急性中毒鸡：表现精神委顿，食欲减退或废绝，贫血，消瘦，鸡冠苍白，黄疸，粪便稀薄带血，雏鸡生长迟缓，母鸡产蛋明显减少，病死率高达49%以上。

（2）慢性中毒或病程较长的鸡：症状较轻，可见食欲减退，生长不良，增重慢，开产推迟，贫血，黄疸，母鸡产蛋减少且蛋小，个别鸡肝脏发生癌变，呈极度消瘦的恶病质状，最后因衰竭而死。

3. 病变

（1）急性中毒鸡：可见肝脏肿大，呈油灰色或黄白色，质地变硬，有出血斑点，胆囊扩张；肾苍白，肿大；胰腺有出血点；胸部皮下或肌肉有时出血。

（2）慢性中毒鸡：可见尸体黄疸，肝脏硬化萎缩，棕黄色，常分布有白色点状或结节状病灶，时间长的可见肝癌结节；肾有出血，心包和腹腔有积水。

（二）防治

1. 预防　预防鸡曲霉菌病的根本措施是不喂发霉饲料，特别是不喂发霉的玉米，存放玉米要注意换仓，新玉米不要一直往上放，使压在下面的旧玉米发生霉变。平时要加强对饲料的保管工作，严防潮湿发霉，如果饲料仓库已被污染，可用福尔马林熏蒸，或用过氧乙酸喷雾。

2. 治疗　鸡群发生曲霉菌病后，应立即停止饲喂可疑饲料及清除可疑垫料等病因，及时投服硫酸镁等盐类泻剂，以排出肠道毒素，供给充足的青绿饲料和维生素A，让鸡自由饮用5%葡萄糖水，并在水中加入维生素C 5毫克/毫升，有缓解作用。

鸡棉子（仁）饼中毒

关键技术

诊断：诊断本病的关键是以病鸡所产的蛋的蛋清和蛋黄颜色发生改变为特征。

防治：防治本病的关键是饲喂棉子饼时，严格控制用量，并在饲喂之前进行减毒处理。鸡发病后，立即停喂棉子饼，并采用一般的解毒措施和对症治疗。

———————————————————————

棉子（仁）饼中含有棉酚和环丙烯酸等毒素。鸡棉子（仁）饼中毒是由于饲喂棉子（仁）饼不当而引起的以所产蛋的蛋清和蛋黄颜色发生改变为特征的中毒性疾病。

（一）诊断要点

1. 病因

（1）用带壳的土榨棉子饼配料：这种棉子饼的游离棉酚含量很高，不能用于喂鸡。

（2）用棉仁饼配料占的比例过大：棉仁饼中棉酚的含量与棉花品种、土壤、特别是榨油工艺有很大关系，常用的红车饼含游离棉酚万分之八左右，如果在鸡的饲料中配入8%～10%以上，就容易引起中毒。

（3）棉子（仁）饼发热变黄：此时，其游离棉酚的含量会增高，加大中毒的危险。

（4）配合饲料中含有棉子（仁）饼时：如果维生素A、钙、铁及蛋白质不足，会促使中毒的发生。

2. 症状　中毒鸡食欲减退，体重下降，两腿无力；排黑褐色稀粪，常混有黏液、血液和脱落的肠黏膜；严重时，鸡衰弱甚至抽搐，呼吸和血液循环衰竭，并伴有贫血、维生素A及钙缺乏等症状。公鸡精液中精子减少，活力减弱；母鸡产蛋率和孵化率降低。商品蛋的品质降低，贮存稍久，蛋清和蛋黄即出现异常颜色，蛋清发红，蛋黄颜色变淡，呈茶青色；煮熟的蛋黄较坚韧并稍有弹性，被称之为"橡皮蛋"。

3. 病变　剖检死鸡可见有出血性肠炎，肝、肾肿大，心肌松软无力。由于血管通透性增高，引起肺水肿、胸腔和腹腔积液，母鸡的卵巢和输卵管出现高度萎缩。

（二）诊断

根据病因调查、临床症状（鸡蛋性状的改变）和病理变化即可做出临床诊断，较容易与其他病相区别。

（三）防治

1. **预防** 饲喂棉子饼类饲料除限量限期饲喂外，主要的措施是进行去毒处理，以保安全。常用的去毒法有两种。

（1）加温去毒法：将棉子饼蒸煮，也可加入10%面粉后煮1小时，能将棉酚破坏。

（2）碱浸去毒法：一般用1%碳酸钠、2%～3%石灰水或2.5%～3%草木灰，浸泡24小时，然后再洗掉碱液。也可在含有棉子饼的日粮中加入0.1%的硫酸钙或硫酸亚铁，使其在胃肠内去毒。

2. **治疗** 鸡中毒后，要立即停喂棉子饼，禁食2～3天。急性中毒鸡，可用0.05%高锰酸钾液或3%碳酸氢钠溶液洗胃，也可用盐类泻剂清理胃肠，排除毒物。对慢性中毒鸡，由于已腹泻不止，可内服鞣酸蛋白、硫酸亚铁等收敛剂，同时加磺胺脒等消炎剂。

鸡菜子饼中毒

关键技术

诊断：诊断本病的关键是病鸡表现甲状腺肿大和肝、肾损害等特征。

防治：防治本病的关键是将菜子饼去毒处理后饲喂。鸡中毒后，立即停喂菜子饼饲料，并采用一般解毒方法和对症治疗。

菜子饼中的主要毒素是硫葡糖甙，另外还含有芥子酸和单宁等。鸡菜子饼中毒是由于菜子饼使用不当而引起的以甲状腺肿大和肝、肾损害为特征的慢性中毒性疾病。

（一）诊断要点

1. **病因** 菜子饼的含毒量与油菜品种有很大关系，与榨油工艺也有一定关系。低毒油菜品种如托尔、堪多耳等，其菜子饼的硫葡糖甙含量仅为0.06%～0.1%，而普通甘蓝型、芥菜型油菜的菜子饼含量为0.85%左右，白菜型油菜为0.64%左右。普通菜子饼在蛋鸡饲料中占8%以上，在肉用子鸡后期饲料中占10%以上，即可引起毒性反应。菜子饼发热变质或饲料中缺碘时，会加重毒害反应。不同的鸡对菜子饼的耐受力也有差异，来航鸡各品系和各种雏鸡耐受力较差。

2. **症状**　中毒鸡病初出现采食缓慢，食量减少，粪便带血，干硬或稀薄，生长受阻。成鸡产蛋减少，蛋形变小，软壳蛋增多，棕壳蛋，有鱼腥味，种蛋孵化率下降。

3. **病变**　主要病变是甲状腺肿大（甲状腺位于胸腔入口处，气管两侧，呈圆形，暗红色，正常情况下成年鸡每侧重50毫克左右），胃肠黏膜充血、出血，肝脏沉积大量脂肪并且出血，肾肿大。

（二）鉴别诊断

根据病因调查、临床症状和病理变化即可做出诊断，较容易与其他病相区别。

（三）防治

1. **预防**　预防本病的关键是在饲喂菜子饼之前进行去毒处理。一般少量饲喂，可将粉碎的菜子饼用热水浸泡12～24小时，把水倒掉再加水煮沸1～2小时，边煮边搅，使毒素蒸发后即可饲喂。大规模饲喂，可采用坑埋去毒法，即将菜子饼埋入容积约1米³的土坑内，2个月后基本无毒。也可用发酵中和法，将菜子饼发酵后加碱以中和有毒成分。

2. **治疗**　目前对本病无特效解毒药，主要采取一般解毒方法和对症治疗。鸡一旦中毒，立即停喂菜子饼，同时灌服0.1%高锰酸钾液，也可以灌服蛋清、水、牛奶等，粪干者可用石蜡油缓泻。

鸡高锰酸钾中毒

关键技术

诊断：诊断本病的关键是病鸡表现上消化道黏膜呈紫红色和水肿为特征。

防治：防治本病的关键是给鸡饮用高锰酸钾时，一定注意剂量和溶解的均匀度。鸡中毒后，应立即灌服大量清水或牛奶、蛋清及油脂类。

鸡高锰酸钾中毒是由于高锰酸钾使用不当而引起的以上消化道黏膜呈紫红色和水肿为特征的中毒性疾病。

（一）诊断要点

1. 病因　养鸡场在用高锰酸钾溶液作为消毒饮水或微量元素补充剂时，其饮水浓度应控制在0.01%~0.03%；高于0.03%时，对消化道黏膜就有一定的刺激和腐蚀性；当浓度达0.1%时能引起明显的中毒。高锰酸钾被吸收进入血液，可损害肾脏和脑，引起中毒。由于钾离子对心脏有抑制作用，因此还可导致死亡。

2. 症状　病鸡呼吸困难，腹泻，甚至突然死亡。

3. 病变　剖检病鸡或死鸡，可见口、舌和咽部黏膜水肿，呈紫红色；嗉囊、胃肠有腐蚀和出血现象。

（二）鉴别诊断

根据病因调查、临床症状和病理变化即可做出诊断，较容易与其他病相区别。

（三）防治

防治本病的关键是给鸡饮用高锰酸钾时，一定准确称量，充分溶解后再给鸡饮用。鸡中毒后，应立即灌服大量清水或牛奶、蛋清及油脂类，早期有一定的解毒作用。

八、鸡场常用药物及使用方法

抗生素类药

1. **青霉素类** 这类药物包括青霉素G钾盐（或钠盐）粉针剂、氨苄青霉素等。主要用于治疗革兰氏阳性菌、部分阴性菌及各种螺旋体和放线菌引起的感染。一般以每次每只禽2～5万单位肌肉注射，用时用注射用水或生理盐水稀释，每6～8小时给药1次，连用3天。或添加于饮水中，每只2万～4万单位，连用5～7天。溶液性质不稳定，宜现用现配，长期使用易产生耐药性。也可用喷雾方法控制与治疗呼吸道感染。氨苄青霉素用作治疗，加入饮水的浓度0.02%～0.025%。注意：由于青霉素不耐酸，口服易破坏，仅有少量吸收，而且在水溶液中也易分解，故宜用于肌肉注射，不宜做饮水口服。

2. **先锋霉素类（头孢菌素类、噻孢霉素类）** 本品为广谱强杀菌剂。对革兰氏阳性菌有较强作用，包括对青霉素的耐药菌株；同时对巴氏杆菌、大肠杆菌和沙门氏菌等革兰氏阴性菌也有效。但对绿脓杆菌、结核杆菌、真菌和原虫无效。常用于禽葡萄球菌病、大肠杆菌病和沙门氏菌病的防治。用量：按家禽每千克体重20毫克，每天1次。

3. **红霉素（高力米先、强力米先）** 作用类似青霉素，但能治疗对青霉素已产生耐药性的金黄色葡萄球菌和链球菌感染的疾病，另外还常用于家禽慢性呼吸道疾病。主要用于葡萄球菌病、支原体病、传染性鼻炎、坏死性肠炎等病的防治。与链霉素、氯霉素合用可以起到协同作用，饮水按0.01%浓度，连饮3～5天；混料按0.005%，肌肉注射按10～40毫克/千克体重，预防霉形体病需要浸泡种蛋时，用0.15%～0.2%的浓度浸泡种蛋。

4. **螺旋霉素** 对革兰氏阳性菌、部分阴性菌有效，对支原体、螺旋体和立克次氏体等也有效。临床常用的是乙酰螺旋霉素，其特点是在体内维持时间长、毒性低，主要用于耐青霉素菌的防治，尤其是防治鸡的慢性呼吸道病、葡萄球菌病和各种肠炎（弧菌性或链球菌性肠炎）。但效力不如红霉素，对霉形体感染不如泰乐菌素强。治疗剂量：按0.04%拌料或饮水，连用3～5天。也可按每千克体重40～50毫克肌肉或皮下注射，连用3天，必要时1周后重复应用1次。预防剂量减半。

5. **泰乐菌素（又名泰农）** 对革兰氏阳性菌、部分阴性菌有抗菌作用，对支原体有特效，对螺旋体也有效。主要治疗慢性呼吸道病、传染性鼻炎、金黄色葡萄球菌感染、链球菌感染、肺炎双球菌感染。临床用量：饮水以0.05%～0.08%的浓度，连用3天；拌料以0.02%～0.05%；肌肉注射按每千克体重15～25毫克；喷雾按每平方米禽舍用50毫克或0.01%～0.02%水溶液，1日2次。

6. **林可霉素（利高霉素、洁霉素）** 对金黄色葡萄球菌、链球菌、肺炎双球菌和霉形体有效，临床常用防治葡萄球菌病、链球菌病、慢性呼吸道病、坏死性肠炎等，并可作为肉鸡的生长促进剂，用量：口服按家禽每千克体重20～30毫克；饮水用0.003%～0.003 5%的浓度，连用3～5天。

7. **北里霉素可溶性粉剂** 对大多数革兰氏阳性菌、部分阴性菌、霉形体、螺旋体、立克次氏体及衣原体有效。临床主要用于鸡的慢性呼吸道病。用量：饮水以0.05%连用5～7天；拌料以0.03%～0.05%，连用1周。预防量均减半。小剂量长期添加有促进生长和提高饲料利用率的作用。使用时注意，在屠宰前3天停药，产蛋期禁用。

8. **杆菌肽** 用于治疗耐青霉素的葡萄球菌及链球菌疾病，与青霉素、链霉素有协同作用，临床常用其锌盐作饲料添加剂，促进生长发育。杆菌肽锌用量：雏鸡拌料每1 000千克饲料添加20～200万单位（约4～40克）。

9. **泰牧菌素（支原净）** 由瑞士生产，对革兰氏阳性菌、多种霉形体、某些螺旋体和嗜血杆菌有较强作用。临床常用于治疗霉形体病、家禽伴发的慢性呼吸道病和葡萄球菌性滑膜炎及大肠杆菌病。用量：以0.025%~0.03%饮水，连用3天；预防剂量为0.012 5%饮水，连用3天。

10. **新生霉素** 用于对其他抗生素耐药的葡萄球菌、链球菌等引起的感染，适用于其他抗生素治疗无效的病例，临床用量：以0.026%~0.035%浓度拌料，连用1周；饮水以0.028%~0.033%。

11. **链霉素（硫酸链霉素）** 本品极易产生耐药菌株，用量大或持续时间过长会引起严重的毒性反应，内服不易吸收也不易被破坏。主要用于禽霍乱、伤寒、白痢、大肠杆菌病、传染性鼻炎及支原体病的防治。临床用量：肌肉注射，雏鸡5毫克/只；成鸡50~200毫克/只，每日2次；也可饮水0.005%~0.012%，用于治疗肠道感染。

12. **硫酸卡那霉素** 常用治疗禽霍乱、雏鸡白痢、卵黄性腹膜炎等。但用量大可抑制呼吸而死亡，不宜与其他抗生素及钙剂配伍，临床用量：肌肉注射每千克体重10~30毫克；饮水每千克水30~120毫克，连饮3天。本品内服吸收少。

13. **硫酸庆大霉素（正泰霉素）** 对革兰氏阴性、阳性菌均有效，一般用于肌肉注射，口服吸收效果不好。临床用量：按家禽每千克体重2毫克肌肉注射，首日2次，次日起减半，连用3~4天。

14. **新霉素** 对大肠杆菌最敏感；对葡萄球菌、变形杆菌、沙门氏菌等细菌有强抑制作用；主要用于胃肠感染，通过气雾可预防呼吸道感染。但口服很少吸收。临床用法：按禽舍每立方米100万单位进行气雾施药；或以0.007%~0.014%拌料，连用4~5天。

15. **多黏菌素** 对革兰氏阴性菌有良好的效果，与杆菌肽锌协同使用可增强抗菌力，同时可促进家禽生长和提高饲料利用率。临床用量：以每千克饲料5~20毫克拌料。

16. **四环素类** 这类药包括金霉素、土霉素、四环素和强力霉素等。此类药物内服后易被吸收，有广谱抗菌作用，常用于多种疾病的预防和治疗，主要用于鸡的伤寒、白痢、霍乱、传染性滑膜炎、传染性鼻炎、链球菌病、葡萄球菌病及球虫病的防治。土霉素对绿脓杆菌、梭菌作用较强，金霉素对葡萄球菌作用突出，强力霉素对霉形体、大肠杆菌、沙门氏杆菌效果比其他好。临床用量：预防量拌料浓度为0.02%~0.05%；肌肉注射按每千克体重0.02克。治疗量拌料浓度；0.05%~0.2%治疗慢性呼吸道病，

0.08%治疗禽霍乱，0.01%治疗白痢、副伤寒。土霉素用量应加倍，拌料浓度0.05%，连用3～5天；内服按每千克体重喂0.05～0.1克。强力霉素是土霉素的衍生物，是一种长效与高效的半合成四环素类抗生素。特点：易溶于水，内服吸收较快，血液浓度维持时间长，临床上常添加在饲料或饮水中治疗疾病。

17. **环丙沙星**　用于治疗鸡白痢等沙门氏菌感染、大肠杆菌感染、肠道感染、霉形体病、传染性鼻炎。用量：每千克饲料200毫克拌料，饮水50～100毫克。连用3～5天。

18. 恩诺沙星　除治疗上述一些病外，尤其对霉形体或多种细菌的混合感染的治疗，效果很好，用量：饮水50毫克。拌料每千克饲料100～200毫克。注射剂：10毫克/千克体重肌肉注射，每日1次即可，连用3～5天。

19. **壮观霉素（治百炎）（法国产）**　主要治疗鸡慢性呼吸道疾病、大肠杆菌病、禽霍乱、禽出败、沙门氏菌病、伤寒、副伤寒，还用于治疗肺炎、滑膜炎等。临床用量：内服雏鸡5毫克/只；每千克饮水31.5毫克，连用4～7天；注射按每千克体重30毫克，每日1次，连用3天。

20. **制霉菌素**　抗真菌药，对各种真菌有效，对细菌无效，如烟曲霉菌、白色念珠菌、麦格氏毛癣菌等。主要用于防治雏鸡的曲霉菌病，鸡、鸽的念珠菌病和冠癣。治疗雏鸡曲霉菌病时，每只每次口服5 000单位，2～4次/日，连用2～3天。

21. **克霉唑**　抗真菌药，对烟曲霉菌、白色念珠菌、麦格氏毛癣菌均有抑制作用，也可用于皮肤及深部真菌感染的治疗。用量：克霉唑片，雏鸡100只用1克，连用5～7天。

磺胺类药物及其他抗菌药物

1. **磺胺嘧啶（SD）**　白色结晶粉末，在水中几乎不溶，其钠盐易溶于水。抗菌作用较好，主要治疗禽霍乱、禽伤寒、禽白痢、传染性鼻炎、大肠杆菌病、卡氏住白细胞虫病和球虫病等。临床上常与碳酸氢钠等量混用，可增加药效。用量：拌料浓度0.2%～0.4%，连用3天。

2. **磺胺脒（SG）**　白色粉状结晶，内服后有2/3会停留在肠道。主要治疗肠道疾病，如球虫病、细菌性肠炎等，临床应用时常加等量碳酸氢钠。用量：拌料浓度1%。

3. 磺胺喹恶啉（SQ） 抗菌作用比磺胺嘧啶强，主要用于治疗禽霍乱、伤寒、鸡白痢、大肠杆菌病、葡萄球菌病、球虫病和卡氏住白细胞虫病。用量按0.1%～0.2%混料或0.03%～0.05%饮水。

4. 磺胺氯吡嗪（EsB3） 为白色或淡黄色结晶性粉末。临床上主要用于治疗鸡球虫病。用量按每千克饮水75～600毫克，混入饮水中给药，连用3天。疗效优于磺胺喹恶啉和磺胺二甲基嘧啶，可用于治疗暴发性鸡球虫病。

5. 磺胺甲基嘧啶（SM1）和磺胺二甲基嘧啶（SM2） 此两种药物，是禽病防治中常用的磺胺药，内服后可被迅速吸收，其吸收率好于其他磺胺药，而且毒性低、中毒剂量范围较宽。临床应用时常与磺胺增效剂等配合使用，主要治疗禽霍乱、鸡白痢、禽伤寒、禽副伤寒和传染性鼻炎等疾病。在预防和治疗球虫病时，需连续使用，其基本原则是连用3～5天，停1周，反复2～3次。用量SM1或SM2拌料浓度为0.2%～0.5%，饮水浓度为0.1%～0.2%。

6. 磺胺甲基异恶唑（新诺明、SMZ）和磺胺二甲异唑（菌得清、SIZ） 抗菌作用类似磺胺嘧啶，主要用于预防和治疗球虫病、禽霍乱、慢性呼吸道疾病、禽伤寒、禽副伤寒、卡氏住白细胞虫病等。临床用药常与磺胺增效剂配合使用。SMZ与SIZ用量：拌料浓度为0.05%～0.1%；肌肉注射按每千克体重20～30毫克，连用3天。治疗鸡传染性鼻炎时，每100千克水或饲料中加本品250克，治疗球虫病时，每100千克水或饲料中加本品250克，均是连用5天，首次用量均加倍。预防时，每100千克水或饲料中加本品25克，可长期使用。治疗其他原虫病时，前3天，每100千克水或饲料中加入本品500克，然后减至50克，再用14天。该药作用时间长，每天只需用1次即可。

7. 磺胺5甲氧嘧啶（SMD） 本品为广谱、低毒、安全、高效的新型磺胺药，可用于预防和治疗球虫病、鸡白痢、禽霍乱等病。如与增效剂DVD按5：1比例混合，即为复方敌菌净，使用效果更好。饮水浓度为0.025%～0.05%。混饲浓度为0.05%～0.2%，连用3～5天。

8. 磺胺间甲氧嘧啶（SMM、长效磺胺） 本品是一种较新而有前途的磺胺药，具有抗菌力强、吸收良好、血中浓度高的特点，主要用于鸡传染性鼻炎、支原体病等呼吸道感染，大肠杆菌等消化道感染，效果良好，对球虫病、卡氏住白细胞原虫病（白冠病）也有很好的治疗作用。本品常与增效剂（TMP）合用，可起到作用强、用量少、副作用轻的效果。本品有饮水剂和预混剂两种制剂。治疗不同的疾病，其用量不同。

9．磺胺增效剂　本类药对多数革兰氏阳性和阴性菌有作用，与磺胺类药及抗生素合用，效果可增强数倍或数十倍。常用的磺胺增效剂有三种：二甲氧苄氨嘧啶（DVD）、二甲氧甲基苄氨嘧啶（DNP）、三甲氧苄氨嘧啶（TMP）。临床上常用于与磺胺类药或抗生素按1∶5的比例配合，具有作用强、用量少、副作用轻等优点。若单独使用，细菌易对其产生耐药性。

抗寄生虫药

1．丙硫咪唑（丙硫苯咪唑，也叫抗蠕敏）　广谱驱吸虫、绦虫和线虫，内服吸收快。临床用量：按每千克体重10～20毫克拌料。

2．左旋咪唑（盐酸左旋咪唑、驱虫净）　对禽类多种线虫有驱除作用，如蛔虫、异刺线虫、鹅裂口线虫、毛细线虫、气管线虫等。特别对蛔虫不同发育阶段虫体均有效。临床用量：按每千克体重20～40毫克浓度拌料。

3．噻苯咪唑（噻苯唑）　为广谱、高效、低毒的驱线虫药，并具有杀幼虫和杀虫卵的作用。鸡可作预防性用药，以0.1%浓度拌料，连用1～2周，能消除鸡气管比翼线虫，但对蛔虫和毛细线虫效果不佳。

4．哌嗪　包括枸橼酸哌嗪（驱蛔灵）和磷酸哌嗪。常用于驱除禽蛔虫的成虫，毒性小、安全。临床用量：按每千克体重0.1～0.3克拌料。

5．氯硝柳胺（灭绦灵）　本品对多种绦虫和吸虫有效，尤其是对绦虫效果显著，使用前空腹一夜，驱虫效果更佳。临床用量：对鸡、鸭、鹅按每千克体重50～60毫克拌料。

6．吡喹酮（环吡异喹酮）　为高效广谱驱吸虫、绦虫药。驱绦虫效果最佳，且价廉、毒性低。临床用量：按每千克体重加10～15毫克拌料。

7．硫双二氯酚（别丁）　用于驱除禽吸虫、部分绦虫，用药后有腹泻症状。鸭、鹅对本品较敏感，使用时应注意。临床用量：拌料饲喂，驱杀吸虫，鸡按每次每千克体重100～200毫克的量投服；鸭、鹅按每次每千克体重30～50毫克的量投服。驱杀绦虫，鸡按每次每千克体重200毫克的量投服，间隔4日，再用药1次；鹌鹑按每次每千克体重的量投服200毫克；鸭、鹅按每次每千克体重600毫克的量投服。

8. **伊维菌素（艾佛麦菌素、艾美汀）** 为新型高效、广谱驱线虫药，对蜱、蝇、螨、虱类也有驱杀作用，对吸虫和绦虫没有驱除作用。拌入鸡饲料中，既可驱除鸡体内线虫，通过粪便排出后，也可防止苍蝇孳生。

9. **甲苯咪唑** 具有高效、低毒、广谱驱线虫药作用，并有驱绦虫作用。能驱除禽类消化道和呼吸道寄生虫，如蛔虫、毛细线虫和气管比翼线虫。用量为每次每千克体重50毫克口服，每日1次，或每千克饲料125毫克混饲，连用2天。

10. **吩噻嗪（硫化二苯胺）** 对吸虫和绦虫无效，对鸡异刺线虫驱虫效果极好，对蛔虫的驱虫效果不超过50%。治疗用量，每只每次用0.5～1克。预防可将本品放入干粉或湿粉料中，每月给1次。

11. **六氯酚** 驱除鸡绦虫，用量为每次每千克体重用25～50毫克。

12. **六氯乙烷（吸虫灵）** 主要用于治疗禽类前殖吸虫病。用量为每次每只0.2～0.5克，由于本品对幼虫无效，因此，用药后应在1个月后再用药1次。

13. **马杜拉霉素** 抗球虫药，拌料时一定要搅拌均匀。产蛋鸡禁用。临床用量：用1%预混剂，每吨饲料加0.5千克，肉鸡上市前5天停药。

14. **鸡球素（含1%海南霉素）** 抗球虫药，预防和治疗鸡球虫病，促进肉鸡生长。临床用量：预防浓度0.05%拌料，充分混匀；治疗浓度0.075%拌料。

15. **盐酸氯苯胍** 是一种毒性低、作用强的抗球虫药，对多种球虫有效。但连续长期使用会增加肉和蛋的异味，建议对产蛋鸡不用。临床用量：预防量以0.01%浓度拌料，治疗量以0.02%～0.04%浓度拌料。

16. **氨丙啉（安宝乐）** 为较好的抗原虫药，对柔嫩艾美耳球虫和堆型艾美耳球虫杀灭力较强，注意该药是维生素B_{12}的拮抗剂。临床用量：预防用0.01%～0.15%浓度拌料，治疗剂量加倍。

17. **氯吡醇（又名球落）** 对艾美耳球虫有良效，常用于添加饲料中，每吨饲料中拌入30克。预防量以0.01%浓度拌料，治疗量浓度为

0.02%～0.025%。用克球粉、可爱丹散剂时应为上述剂量的4倍。

18. **尼卡巴嗪（又名球虫净）** 能预防和控制艾美耳球虫，该品对已产生耐药性的球虫有效。一般上市前4天停药，产蛋鸡禁用。临床用量：0.0125%浓度拌料。

19. **球痢灵（二硝基苯酰胺）** 本品对鸡、火鸡的多种艾美耳球虫有效，特别对于小肠的毒害艾美耳球虫效果更好。临床也常用于治疗暴发性球虫病。用量：预防量为0.012 5%浓度拌料，治疗量以0.025%浓度拌料。

20. 常山酮（速丹） 适用于治疗鸡、火鸡的球虫病，本品与其他抗球虫药无交叉抗药性。鹅和珍珠鸡禁用。临床用量：0.05%浓度拌料。

21. **百球清** 其活性成分为对称三嗪酮。常用于预防和控制鸡和火鸡所有艾美耳球虫。临床用量：0.002 5%浓度饮水，连喂2～3天。

22. **二甲硝基咪唑** 具有广谱抗菌和抗虫作用。用于防治禽类的组织滴虫病及六鞭毛虫病，并能在饲料添加剂中与球虫抑制剂、抗生素等配伍应用，并有增重作用。二甲硝基咪唑预混剂的用量为每1 000千克饲料中加400～2 500克，但注意禽对本品很敏感，较大剂量可引起平衡失调，产蛋期禁用，连续喂用，不能超过10天，宰前3天应停止给药。

23. **蝇得净1%预混剂** 一种通过拌料控制苍蝇幼虫在鸡粪内生长的杀蝇剂，适合于笼养鸡场，一般在有苍蝇季节使用。临就用量：0.005%浓度拌料，连用4～5周。

24. **除虫菊酯类** 包括除虫菊酯、杀灭菊酯、溴氰菊酯（敌杀死）、氯氰菊酯，按床产品说明使用。溴氰菊酯常用浓度为0.005%～0.008%，直接喷洒或药浴，用来治疗鸡虱，但要避开水槽、料槽。

25. **戊酸氰菊酯（速灭菊酯）** 对畜禽的多种体外寄生虫，如蝇、蚊、螨、虱等均有良好的杀灭作用，杀虫力强，效力高而确实。

维生素类药物

1. **浓鱼肝油** 一般每克含维生素A 50 000国际单位，维生素D 5 000国际单位以上，用于维生素AD缺乏症时的补充，一般用量为常用量的3～5倍拌料或饮水。

2. **维生素E（生育酚）** 有片剂、注射剂和粉剂，用于维生素E缺乏时，可在日粮中直接添加0.5%的植物油；对脑已发生软化的病鸡，每只内服2～3毫克；对皮下有渗出性素质的病鸡，应用维生素E的同时，需补给微量元素硒0.05～0.1毫克。生产上也有直接制成维生素E—硒粉的，可直接按说明拌饲。

3. **维生素K**　鸡场常用于断喙时预防出血过多，常用K_3片剂或粉剂，用量为220毫克/千克体重。

4. **维生素B_1**　有针剂、粉剂。用于患维生素B_1缺乏症的病鸡，内服量为2.5毫克/千克体重，肌肉注射量为0.1～0.2毫克/千克体重。

5. **维生素B_2**　有针剂、粉剂。用于患维生素B_2缺乏症的病鸡，每只鸡内服0.1～0.2毫克，成鸡10毫克。

6. **维生素B_{11}（叶酸）**　有片剂、注射液。用于叶酸缺乏症的病鸡，雏鸡每只肌肉注射50～100微克，育成鸡每只注射100～200微克。

7. **维生素B_{12}**　主要用于维生素B_{12}缺乏症的防治。按10毫克/吨饲料混料。

8. **维生素C**　主要用于防治坏血病、痛风和腹水症等，也用于防治中毒性疾病和抗应激。按250～500克/吨饲料混料。

9. **干酵母**　主要用于消化不良和B族维生素缺乏症的防治。按0.1克/只鸡内服。

10. **氯化胆碱**　主要用于促生长、提高产蛋率、防治脂肪肝综合征等，按1～2克/千克饲料混料。

消毒药

1. **苯酚（石炭酸）**　有杀菌作用，但对细菌芽孢和病毒无效。多用于运输车辆、鸡舍、墙壁、运动场地和用具消毒。用量为配成3%～5%的浓度喷洒。

2. **来苏尔（煤酚皂液）**　有甲酚的臭味，对大多数病原体的杀灭作用很强。主要用于环境、用具及手臂的消毒。手臂消毒用1%～2%，而环境、用具消毒常用3%～5%。

3. **复合酚（菌毒敌、农乐）**　为国内生产的新型、广谱、高效消毒剂，有臭味，能杀灭细菌、病毒和霉菌，对多种寄生虫卵也有杀灭作用，也能抑制蚊、蝇等昆虫孳生。主要用于环境、畜舍、笼具的消毒。通常用药1次，药效可维持7天。常用浓度为：1∶300消毒鸡舍、环境、笼具等，对球虫、线虫污染的禽舍或场地用1∶100～1∶200喷雾消毒。

4. **农福**　畜禽舍消毒用1∶60～1∶100水溶液喷洒，器具、车辆消毒用1∶60水溶液浸浴。

5. **乳酸**　无臭、味酸、价格低廉、毒性小，常用喷雾或熏蒸等空气消毒，杀菌力不太强，用量为每100立方米空间用10毫升，或配成20%的浓度喷雾。

6. **过氧乙酸（过氧醋酸）**　对细菌、细菌芽孢、病毒和霉菌等均有杀灭作用。主要用于鸡舍、墙壁、场地、食槽用具等消毒，也可带鸡消毒。一般用0.2%～0.3%浓度进行常规消毒。也可按每立方米用5～10毫升，配成3%～5%浓度，加热熏蒸消毒室内空气，密闭门窗1～2小时。带鸡消毒用0.2%～0.5%溶液消毒。

7. **醋酸**　味极酸，临床常用含纯醋酸5.7%～6.3%的稀醋酸，含纯醋酸2%～10%的食用醋，也可以使用。可做带鸡消毒，刺激性小，每100立方米空间用40～100毫升加热蒸发，用于空气消毒，可预防感冒及流感的发生。

8. **高锰酸钾（灰锰氧、过锰酸钾）**　本品为暗紫色结晶粉，易溶于水，水溶液呈粉红色，浓度高时为暗紫色，为强氧化剂，具有杀菌、收敛作用。其水溶液放置过久易失效，故应现用现配。将本品配成0.1%浓度可用于饮水、肠道黏膜和皮肤创伤的冲洗。鸡场常与甲醛合用进行鸡舍的熏蒸消毒。

9. **氢氧化钠（烧碱、苛性钠）**　本品为白色或黄色块状、片状或棒状结晶，易潮解。杀菌力很强，对细菌、病毒、芽孢、寄生虫卵均有杀灭作用，但对金属笼具有腐蚀作用。也能腐蚀皮肤，常用2%溶液泼洒环境、道路和做消毒池消毒液。3%～5%溶液用于炭疽芽孢污染的场地消毒。5%溶液用于腐蚀皮肤赘生物、新生角质等。其粗制品即为烧碱，因价格低廉，生产上使用广泛。新鲜的草木灰中含有不同量的氢氧化钾（作用与氢氧化钠相同）和碳酸钾，可用作消毒药。用草木灰30千克加水100升，煮沸1小时，去灰渣后，加水到原来的量，可代替氢氧化钠消毒。但注意，高浓度的氢氧化钠溶液可灼伤组织，对铝制品、毛织物、漆面有损坏作用。

10. 生石灰（氧化钙） 本品极易吸收水分，在空气中则吸收二氧化碳，逐渐变成碳酸钙而失效，故应选择新鲜的应用，遇水即形成强碱性的氢氧化钙，并解离出氢氧根离子而呈现良好的杀菌作用。常把石灰粉用做鸡场地面消毒池和粪便的消毒。加水配成10%～20%石灰水用做墙壁、畜栏的消毒。

11. 漂白粉（含氯石灰） 为灰白色粉末，其有效成分为次氯酸钠，在酸性环境中杀菌力最强，易受环境中有机物的影响，对皮肤和金属有刺激和腐蚀作用。对细菌、芽孢和病毒有杀灭作用，主要用于饮水、鸡舍、用具、车辆及排泄物的消毒。以每立方米水中加入6～10克粉剂，30分钟后可供饮用。1%～3%溶液可用于消毒饮水器、饲料槽和非金属用具。可将干粉与粪便以1:5比例混匀进行粪便消毒。用10%～20%乳剂消毒鸡舍。

12. 次氯酸钠 本品为微黄的水溶液，有强大的杀菌作用，对组织有较强的刺激性，常用0.01%～0.02%水溶液用于用具、器械的浸泡，0.3%溶液可做鸡舍带鸡消毒，1%溶液可用于鸡舍及周围环境的喷洒。

13. 威岛牌消毒剂 本品为二氯异氰尿酸钠与表面活性剂的复配制剂，白色粉末，有效氯含量大于等于20%。根据消毒对象的不同，可采用不同的浓度。可用于禽舍、孵化室、室外环境、饮水及用具的消毒。

14. 碘 生产上常制成加有络合剂和增效剂的强力络合碘，碘本身就具有强大的杀菌、杀病毒和杀霉菌作用，但易受环境中有机物和碱性物质的影响，对人畜无害，常用于皮肤、饮水、环境及用具的消毒。

15. 新洁尔灭 为季铵盐类消毒药，有杀菌和去污两种效力，渗透性强。0.1%溶液用于消毒手，或浸泡5分钟消毒皮肤、器具和玻璃用具，种蛋浸泡，喷雾消毒，禽舍的喷雾等。0.01%～0.05%溶液用于深部感染伤口的冲洗。但注意禁止与碘、碘化钾、过氧化物等配伍。不可与普通肥皂配伍。浸泡器具时应加入0.5%亚硝酸钠，以防生锈。不适用于消毒粪便、污水、皮革等。

16. 甲醛 其40%水溶液为福尔马林，有刺激性，特臭，长期贮存，可产生多聚甲醛而变混浊，析出沉淀。如加入8%～12%甲醇可防止聚合。本品为强力广谱杀菌剂，对细菌、芽孢、霉菌和病毒均有杀灭作用。2%福尔马林可用于器械消毒，10%的福尔马林用做固定标本。生产上应用最广的是和高锰酸钾配合做熏蒸消毒。应根据消毒对象的不同选择不同的浓度。消毒完后有时需加入中和剂氨水，以尽快消除室内刺激性气味，一般每立方米加2～5毫升氨水加热蒸发即可。应提高室温在20℃以上，相对湿度在60%～80%为宜。种蛋熏蒸消毒时，每立方米空间用福尔马林14毫升，高锰酸钾7克，水7毫升，熏蒸20分钟。雏鸡熏蒸消毒，每立方米空间用福尔马林7毫升、高锰酸钾3.5克、水3.5毫升，熏蒸20～30分钟。熏蒸时雏鸡不安、闭眼、走动、甩鼻，10分钟后逐渐安静。熏完后将雏鸡及时移入雏鸡舍，不影响以后的生长发育。该法是在疑为雏鸡带有某种危害性大的病原体时才用。空鸡舍的熏蒸消毒，视鸡舍污染的程度，如原来的鸡群患过传染病或污染较重则用3个浓度（一个浓度为14毫升福尔马林）即42毫升福尔马林。污染较轻的或是新的鸡舍则用2个浓度，即28毫升福尔马林，高锰酸钾和水的用量各为福尔马林的1/2量即可。鸡舍熏蒸完后，应密闭48小时以上，消毒结束后应打开门窗通风，为消除甲醛气味，可使用中和剂。

生物制剂

1. 鸡新城疫疫苗　有弱毒活疫苗和灭活苗，弱毒活疫苗有两个类型即中发型和缓发型。中发型疫苗中，在我国普遍使用的是Ⅰ系或印度系疫苗，该苗相对毒力较强，接种后引起的反应较重，特别是幼年鸡在没有基础免疫的情况下接种，危险性更大，严重的可引起死亡。该苗接种后免疫力很强，适用于新城疫严重流行地区的育成鸡和产蛋鸡的免疫。该苗一般只能皮下或肌肉注射，不可作饮水、气雾免疫。但该苗在免疫时容易散毒，造成病毒污染。

缓发型新城疫苗有Ⅱ系、Ⅲ系和Ⅳ系苗，Ⅱ系、Ⅲ系虽安全性较好，但由于毒力太弱，使用者越来越少，而主要是采用Ⅳ系苗。缓发型疫苗多采用滴鼻、点眼、饮水，也用气雾法。另外还有克隆苗，较常用的有克隆30、N79，该苗受母源抗体的影响较小，可部分突破母源抗体，故越来越受到使用者的青睐。

灭活疫苗：用Ⅳ系毒接种于鸡胚或细胞培养基上培养，收获后灭活，然后加入氢氧化铝或油佐剂，有的则用蜂胶作为佐剂。此类疫苗接种后免疫水平整齐，受母源抗体影响小，没有任何不良反应，且免疫期较长，雏鸡也可注射。雏鸡在颈部皮下注射，大鸡肌肉注射。

2. 鸡传染性法氏囊疫苗 目前临床使用的有活疫苗和灭活疫苗。

（1）鸡传染性法氏囊病活疫苗（中等毒力）：供有母源抗体的雏鸡饮水免疫用，也可用滴眼和口服法免疫，首次免疫在2周龄左右，二免在3周后进行。免疫期为3～5个月。注意免疫前应按规定测定母源抗体，免疫前后应严格消毒，将鸡舍及环境中的传染性法氏囊病毒降至最低程度，才能保证免疫效果。

（2）鸡传染性法氏囊病活疫苗（弱毒力）：供无母源抗体的雏鸡在1～7日龄经饮水、滴眼或口服用，二免在2周后进行。免疫期2～3个月。免疫前后应对鸡舍及环境进行严格消毒。

（3）鸡传染性法氏囊病灭活疫苗：对经过二次活疫苗免疫过的种母鸡，在18～20周龄和40～42周龄时颈部皮下注射。免疫期为10个月。用此苗免疫后可通过种蛋传递母源抗体保护雏鸡在3～4周龄不患法氏囊病。